SELECT
HONG KONG

SELECT HONG KONG

지은이 장혜인
펴낸이 임상진
펴낸곳 (주)넥서스

초판 1쇄 발행 2018년 1월 5일
초판 2쇄 발행 2018년 1월 10일

출판신고 1992년 4월 3일 제311-2002-2호
주소 10880 경기도 파주시 지목로 5
전화 (02)330-5500 팩스 (02)330-5555

ISBN 979-11-6165-140-8 13980

저자와 출판사의 허락 없이 내용의 일부를
인용하거나 발췌하는 것을 금합니다.

가격은 뒤표지에 있습니다.
잘못 만들어진 책은 구매처에서 바꾸어 드립니다.

www.nexusbook.com
플래닝북스는 (주)넥서스의 여행 전문 브랜드입니다.

SELECT
HONG KONG
장 혜 인
SHOPS & RESTAURANTS
GUIDE
플래닝북스

Prologue

홍콩.

지금으로부터 6년 전, 우리 가족이 홍콩으로 이주를 결정하기 전까지 나는 홍콩에 방문한 적이 없었다. 한 번도 와보지도 않은 나라에 산다는 건, 그걸 결심하는 순간부터 이삿짐을 꾸려 그 나라에 발을 들이기까지 설렘보다 두려움이 더 큰 것이어서 나는 이 나라가 그저 낯설기만 했다.

홍콩에 오기 전, 도쿄와 뉴욕에서 이미 6년의 외국 생활을 하며 겪은 낯섦이지만 홍콩 생활의 시작은 그 어느 때보다 더디고 앞이 보이지 않았다. 낯선 곳으로의 여행은 반갑지만 낯선 곳으로 생활 터전을 옮기는 것은 늘 시작이 어렵다. 기약 없는 외국 생활이 힘에 부칠 때면 나는 여행자의 마음으로 도시를 누볐다. 며칠 뒤엔 이 나라를 떠나야 하는 여행자가 되어 여행책을 들고 아직 가보지 않은 지역과 새로운 장소들을 찾아 집을 나섰다.

홍콩에 와서도 어느 아침엔 지하철을 타고 현지 사람들과 섞여 생소한 역에도 내려 보고, 어느 오후엔 느리게 가는 트램에 앉아 도시의 매연도 뒤집어 써보고, 시간 여유가 있는 날에는 페리에 올라타 빅토리아 하버 너머 반대편 지역을 탐색하다 돌아오곤 했다.

그렇게 직접 마주한 도시 구석구석의 기운들이 내 안에 차고 다져지면 나는 비로소 그 나라의 여행자가 아닌 거주자가 되어 나다운 일상을 만들어 갈 수 있게 되었다. 그렇게 시작했던 홍콩 생활도 이제 7년에 접어들었다. 그리고, 내가 사진으로 담고 글로 기록한 홍콩 여행 책자가 출간을 앞두고 있다.

이 책은 홍콩에 쇼핑 여행을 오는 사람을 위한 쇼핑 정보와 레스토랑 안내서이다. 여행자의 시각에서 알고 싶고, 접근하기 쉽고, 안심할 수 있고, 만족할 만한 곳들만을 골라 자세한 정보를 실었다.

홍콩은 유행이 빠르게 변하는 지역이라 집필을 시작한 2년 동안 많은 매장과 레스토랑이 없어지고 생겨나기를 반복해 수정 작업에 시간이 걸렸다. 새로운 장소를 취재할 때 함께 시간을 내어줬던 남편과 딸 세리에게 감사와 사랑을 전한다.

장혜인

Contents

홍콩 대표 쇼핑몰 01

IFC 아이에프씨

Landmark 랜드마크

Pacific Place 퍼시픽 플레이스

홍콩 대표 쇼핑몰 05
Elements 엘리먼츠

Outlets 아웃렛

일러두기
2017년 11월을 기준으로 작성했습니다. 기본적으로 한글 표기법과 외래어 표기법을 따랐습니다. 이미 굳어진 외래어, 현지에서 많이 사용하는 발음, 국내에 론칭한 브랜드는 예외 규정을 두었습니다.

LOVE

홍콩 여행 가세요?

굳이 여행책을 사보지 않아도
인터넷에서 쉽게 정보를 얻을 수 있는 대표 관광지를 갈 거라면,
어디를 가도 관광객으로 가득한 뻔한 쇼핑몰이나 레스토랑을 갈 거라면,
쉽게 구할 수 있는 무료 책자를 보거나 인터넷에서 정보를 찾으세요.

이 책은,
감각적인 사람들을 위한 홍콩 쇼핑 여행 가이드입니다.

'홍콩' 하면 쇼핑을 먼저 떠올리는 사람,
패션과 예술을 탐닉하는 사람,
도쿄, 뉴욕처럼 세련된 도시 문화를 좋아하는 사람,
좋은 물건을 찾아 합리적으로 쇼핑하는 사람,
맛있고 분위기 좋은 레스토랑부터 세련된 카페에서
시간을 즐길 줄 아는 사람을 위한 홍콩 여행서입니다.

홍콩 시내 주요 지역별 핫 쇼핑 플레이스, 홍콩을 대표하는 5대 쇼핑몰의 베스트 숍,
명품 브랜드 아웃렛 매장과 쇼핑 플레이스 동선에 맞춰 제안하는
레스토랑과 카페 정보를 담았습니다.

비싼 명품 매장들만 소개했느냐고요?
저렴하지만 감각적인 스파SPA 브랜드,
현지 패션 피플들만 아는 쇼핑 정보,
홍콩 트렌드세터들이 사랑하는 히든 플레이스,
홍콩 미식가들이 먼저 찾는 미슐랭 레스토랑까지…

InBetween
TPSS
THE ONE TO HAVE THE
WE ARE
WEEN
Coca-Cola
Have a Coke
Caution
No mobile phones
AMER
EXP
Card
Welc
Bass

누가 셀렉트했느냐고요?

도쿄, 뉴욕 생활을 거쳐 2012년부터 홍콩에서 거주하며,
홍콩에서의 일상을 인스타그램을 통해 소개하는
인플루언서Influencer 장혜인.

그녀의 인스타그램에 한 번 들어가 보세요.
@ hye_in_hongkong

안목 높기로 소문난 유명 셀럽들도 즐겨 찾는 인스타그램이랍니다.
그녀가 소개하는 감각적인 홍콩을 만나 보세요.

Shopping
in Hong Kong

쇼핑의 도시 홍콩

홍콩은 아시아 경제의 중심이자 세계 유명 브랜드들이
아시아 시장에 들어오는 관문으로, 오래 전부터 많은 관광객에게 사랑받는 쇼핑 도시이다.

Brand
다채로운 브랜드

쇼핑 도시라는 이름에 걸맞게 홍콩 시내는 눈에 닿는 곳곳마다 일류 브랜드의 메가 스토어와 쇼핑몰로 둘러싸여 있고, 매장 규모 또한 크고 화려하다. 최신식 건물의 쇼핑몰부터, 오래되고 허름한 건물들까지도 1층에는 어김없이 세계 일류 브랜드 매장이 자리하고 있다.

Price
착한 가격

홍콩에서는 모든 수입 제품을 면세 가격에 살 수 있고, 전 세계 다양한 브랜드가 들어와 있어 국내에서 구하기 어려운 제품들을 국내보다 합리적인 가격에 쇼핑할 수 있다.

Distance
짧은 비행 거리

한국에서 비행기로 3시간 반이라는 짧은 비행시간에 도시 규모가 작아 2박 3일이나 3박 4일 단기간 일정으로 관광과 쇼핑이 가능해 많은 여행객이 부담 없이 찾는 여행지이다.

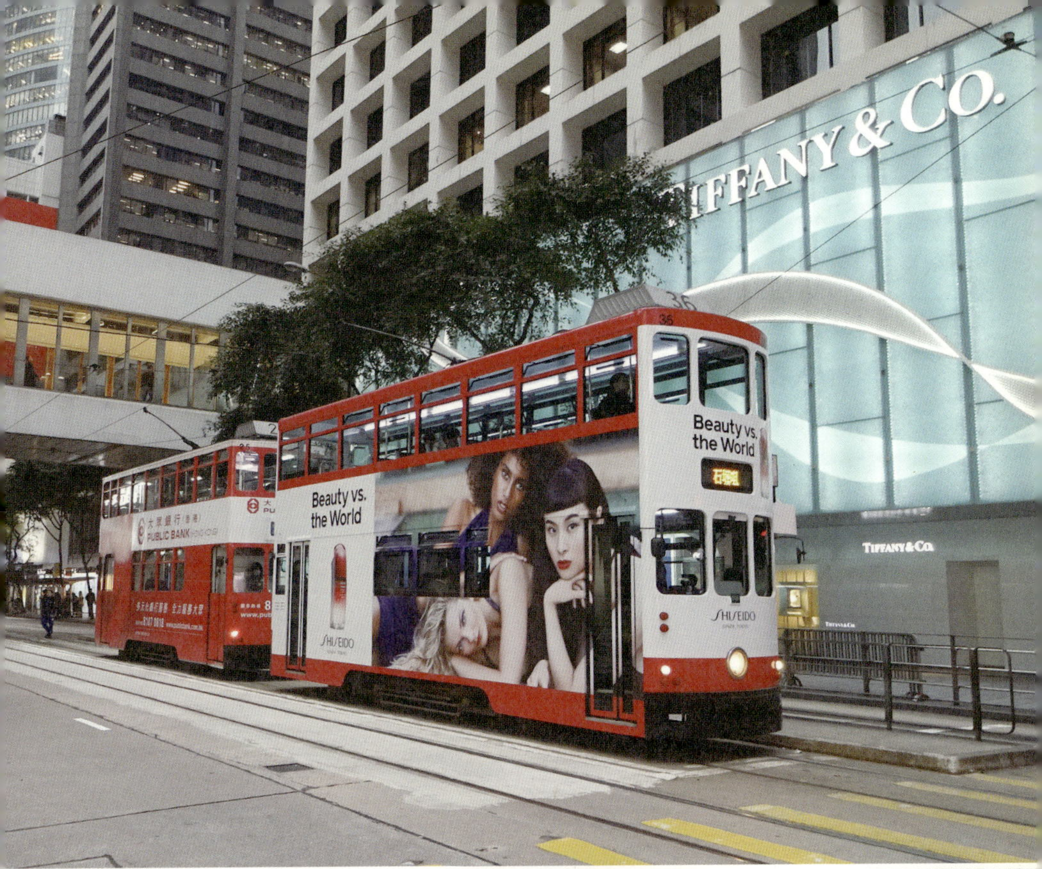
TIFFANY & CO.
Beauty vs. the World
SHISEIDO
PUBLIC BANK
Beauty vs. the World
SHISEIDO
TIFFANY & CO.

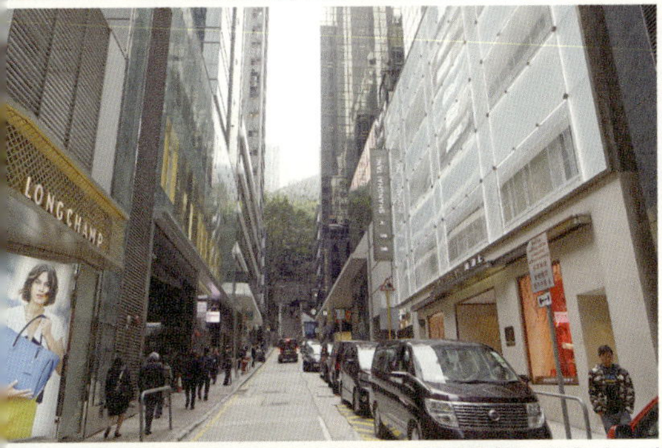
LONGCHAMP

全港
月租酒

PEOPLE
VERTU
HANDMADE IN ENGLAND
GEOX
sasa

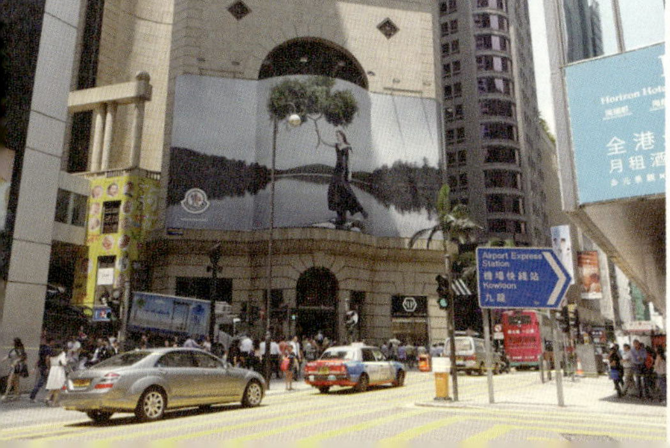

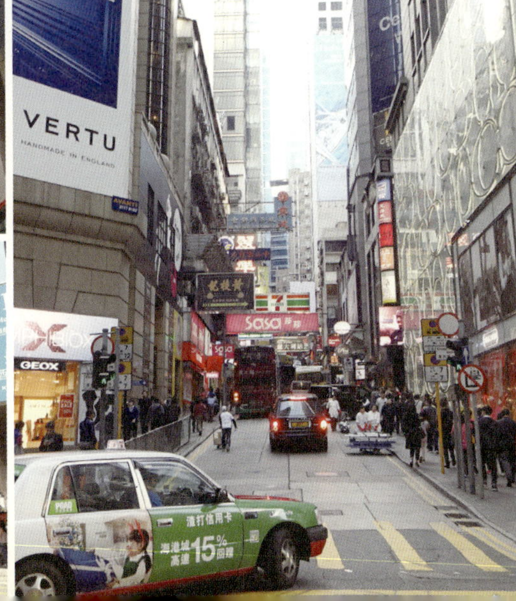

Hong Kong Island & Kowloon Peninsula

홍콩섬香港島과 카오룽九龍[구룡] 반도

홍콩 쇼핑 지역은 빅토리아 하버를 중심으로 홍콩섬Hong Kong Island과 카오룽 반도Kowloon Peninsula로 나뉜다. 대표 쇼핑 지역은 빅토리아 하버를 기준으로 남쪽인 홍콩섬 센트럴Central과 북쪽 카오룽의 침사추이Tsim Sha Tsui로 오래 전부터 발달한 상권을 바탕으로 많은 브랜드 매장과 몰이 집중되어 있어 쇼핑하기 편리하다.

홍콩섬의 센트럴은 외국인 거주 비율이 높고, 주요 외국계 금융 회사와 정부 청사가 밀집되어 있어 홍콩 내 주재원과 서양인이 즐겨 찾는 쇼핑 지역이다(그에 비해, 카오룽의 침사추이는 중국 본토 관광객과 홍콩 현지인이 많이 찾는다). 깨끗하고 세련된 도시 분위기에 여러 몰과 거리를 오가며 쇼핑하려면 홍콩섬 지역을, 홍콩 로컬 분위기를 느끼며 넓은 몰(하버 시티)에서 한 번에 여러 브랜드의 쇼핑을 끝내고 싶다면 침사추이 지역을 방문하면 된다.

홍콩섬 쪽이 관광과 쇼핑할 곳이 많으므로 숙소는 카오룽보다는 홍콩섬에 잡기를 추천한다.

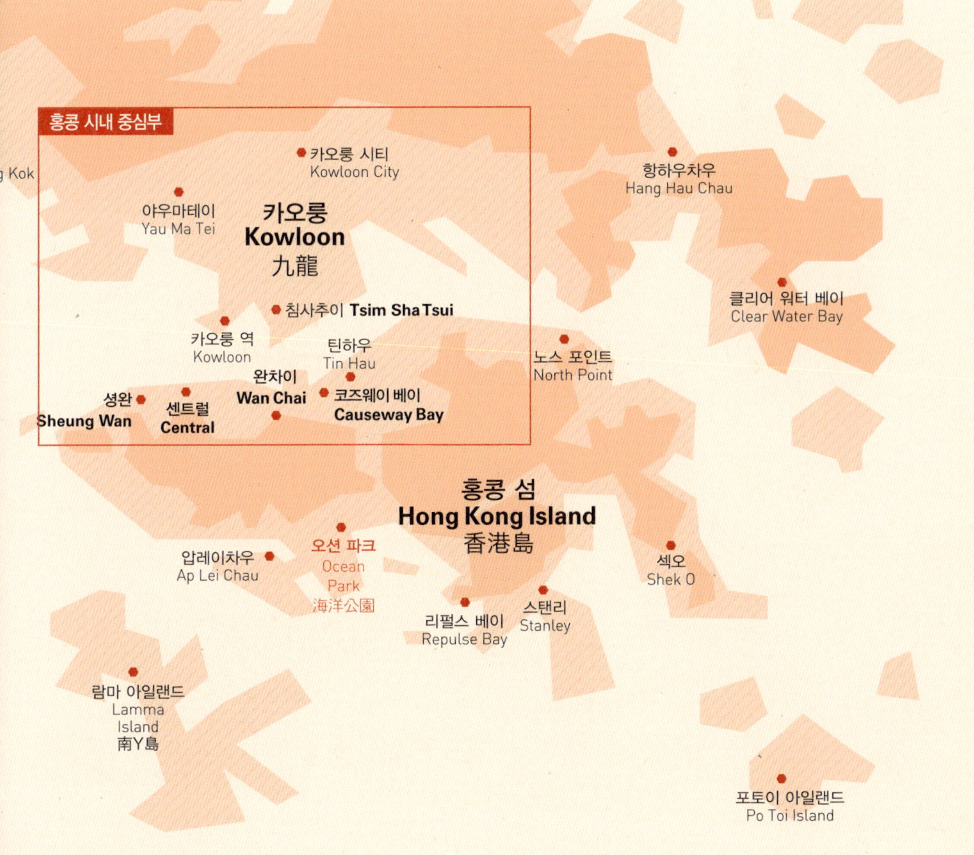

Travel Schedule
홍콩 체류 기간

홍콩은 도시가 작아 이동 거리가 짧다. 그래서 오직 쇼핑만을 위한 여행이라면 2박 3일만 머물러도 홍콩섬에서 하루, 카오룽에서 하루 정도로 나누어 쇼핑할 수 있다. 그러나 시내에서 30~40분 정도 걸리는 외곽의 아웃렛을 가거나 관광도 하고 싶다면 3박 4일에서 4박 5일 정도 잡는 것이 좋다.

Transportation
공항에서 시내로 갈 때
추천 교통 수단

Airport Express Line 에어포트 익스프레스

가장 간단하고 빠르게 시내로 들어가는 방법은 공항에서 홍콩 주요 시내를 연결하는 철도인 에어포트 익스프레스AEL를 이용하는 방법이다. 홍콩에 도착해 입국장에서 나오면 같은 층에 에어포트 익스프레스 매표소와 승강장이 바로 연결된다. 승강장 앞 매표소에서 편도 혹은 왕복 티켓을 구매한 후 승차하고, 목적지에 도착해서 역 개찰구에 티켓을 넣고 나가면 된다. 에어포트 익스프레스 매표소에서는 홍콩 대중 교통을 이용할 수 있는 충전식 교통카드인 옥토퍼스 카드 Octopus Card도 함께 판매하므로, 여행 중 지하철이나 버스를 이용할 계획이 있다면 이곳에서 미리 구매해 두면 좋다. 투숙할 호텔 위치에 따라 카오룽 역이나 홍콩 역에서 하차해 무료 셔틀 버스(에어포트 익스프레스 티켓을 소지, 제시해야 한다)를 이용하거나 택시로 갈아타면 된다.

운행 시간 5:54–23:28(10분 간격 운행), 11:28–새벽 12:48(12분 간격 운행) **소요 시간** 카오룽 역까지 22분, 홍콩 역까지 24분 소요 **요금** 카우룽 역까지 100HK$(Octopus Card로 승차 시), 105HK$ (Smart Ticket으로 승차 시) / 홍콩 역까지 110HK$(Octopus 로 승차 시), 115HK$ (Smart Ticket으로 승차 시) / 만 3~11세 어린이는 어른 요금의 반값

Taxi 택시

홍콩 택시요금은 한국보다 저렴하고, 원하는 목적지로 바로 갈 수 있어 숙소가 역에서 멀거나 2인 이상 여행자가 이동할 때 이용하면 좋다. 공항 입국 층에서 택시 간판을 따라 지정된 택시 정류장으로 나가면 빨간색, 파란색, 초록색으로 운행 지역에 따라 색이 구분된 택시들이 대기 중이다. 시내인 카오룽, 홍콩섬을 운행하는 빨간색Urban taxi택시를 타면 된다(파란색 택시는 란타우섬Lantau Island, 초록색 택시는 신계New Territories 지역을 운행). 홍콩 택시는 신용카드를 받지 않으므로 미리 홍콩 달러를 준비해 현금으로만 지급해야 한다.

운행 시간 24시간 **기본 요금** 24HK$ **소요 시간** 카오룽 침사 추이까지 약 35분, 홍콩섬 센트럴까지 약 40분 **시내까지 요금** 카오룽 침사 추이까지 270HK$ 전후, 홍콩섬 센트럴 370HK$ 전후 (미터기 요금＋톨게이트 비용 포함)

> **TIP 추가 지불 요금**
> 트렁크에 짐을 실을 때 가방 하나당 6HK$ 씩 별도로 추가 지불해야 한다(예, 미터기에 320HK$, 트렁크에 짐 가방 두 개를 실으면 320HK$에 12HK$을 따로 더해 332HK$를 현금으로 지불한다. 신용카드는 사용 불가).

Shopping Points
in Hong Kong

홍콩 쇼핑의 4가지 포인트

01
What to Buy?
무엇을 살까?

세일 시즌에 브랜드 제품을 세일가에 쇼핑.

명품 브랜드를 아웃렛 매장에서 할인가에 득템.

한국에 들어와 있지 않은 패션 브랜드에서 특별한 아이템 서치.

세계 각국에서 들여온 인테리어 소품, 리빙 제품 셀렉트.

대형 슈퍼마켓 체인점에서 세계 각국의 다양한 식료품 구매.

02
Where to Shop?
어디에서 살까?

여러 품목의 매장들이 한 곳에 모여 있는 쇼핑몰에서 쇼핑.

명품 브랜드 제품들을 엄선한 편집숍에서 쇼핑.

지역별 주요 거리를 거닐며 스트리트 매장에서 쇼핑.

명품 브랜드들의 지난 시즌 상품을 할인가에 아웃렛 매장에서 구매.

03
When to Shop?
언제 살까?

할인율이 높은 여름, 겨울 세일 시즌 공략

6월~7월, 12월~1월 사이에 가면 대부분 브랜드의 세일 기간이기 때문에, 이 기간에 방문하면 득템의 기회가 많다.

> **TIP** Christmas in Hong Kong
>
> 크리스마스 전후로는 시내 곳곳이 화려한 크리스마스 장식으로 볼거리가 많아지고, 홍콩 거주 외국인들이 홀리데이 기간에 홍콩 밖으로 대부분 이동해 시내가 한산해져 관광하기 좋다.구정 연휴 당일에는 휴무에 들어가는 레스토랑과 매장들이 많으므로 사전에 체크하는 것이 좋다.

여행 하기 좋은 11월, 12월 공략

5월부터 9월까지는 기온이 30도 전후에 습도도 높아 무척 무덥고, 11월 · 12월은 18도 ～25도 정도로 기온도 적당하고 습도도 낮아져 다니기 가장 좋다.

04
Sale
홍콩의 세일 기간

1년에 두 번, 여름 · 겨울 시즌 세일

대부분의 명품 브랜드와 스파SPA 브랜드, 쇼핑몰, 편집숍이 가격 인하에 들어가며, 할인율은 30%부터 시작되어 시간이 지날수록 40%~50%로 올라간다. 세일은 한 달 이상 계속되며 세일이 끝날 무렵에는 추가 세일이 진행되어 정가의 60%~70%까지 할인율이 높아진다.

TIP 물가

홍콩의 물가는 대체적으로 한국보다 비싼 편이다. 대중 교통은 한국보다 요금이 저렴하지만 레스토랑, 숙박비 등이 월등히 비싸므로 미리 요금을 확인하고 여행 예산에 맞춰 경비를 준비해야 한다. 쇼핑은 재래 시장의 중국산 기념품 등은 가격이 저렴하고, 명품 디자이너 브랜드도 한국보다는 대체적으로 가격이 낮다.

Summer Sale

브랜드마다 다르지만 대략 6월 초부터 시작해 7월 말까지 계속한다. 홍콩에서 규모가 가장 큰 백화점형 편집 매장인 레인 크로포드Lane Crawford가 가장 늦게 세일을 시작하는데, 대략 6월 둘째 주부터 프리 세일이 시작되고 셋째 주부터 공개 세일을 진행한다.

Winter Sale

브랜드마다 다르지만 대략 12월 초부터 시작해 1월 중순까지 계속한다. 겨울 세일도 여름 세일과 마찬가지로 레인 크로포드가 가장 늦게 세일을 시작한다. 대략 12월 세번 째 주 전후로, 크리스마스 직전에 공개 세일이 시작되어 구정 직전에 세일이 끝난다. 홍콩은 1년 내내 기후가 따뜻하여 롱부츠, 두꺼운 코트류나 니트 제품이 세일 때 많이 남아있어서 한국에서 온 여행자에게는 겨울 상품 득템 찬스가 많이 있다.

TIP 쇼핑 포인트

세일 초반에는 할인율은 낮지만 물건이 풍부하고, 그 시즌의 인기 있는 상품들도 아직 남아 있으므로 이 기간에 방문하면 세일 전에 위시 리스트에 올려 놓았던 물건들을 세일가에 구매할 확률이 높다. 세일 후반부로 갈수록 물건의 종류는 적어지고 물건 상태도 나빠지지만 대신 높은 할인율이 적용되어 저렴한 가격에 득템이 가능하므로, 본인의 쇼핑 스타일에 맞게 여행 시기를 결정하면 좋다.

Shopping Tips
유용한 홍콩 쇼핑 정보

홍콩의 공휴일

홍콩은 대부분의 공휴일에도 레스토랑과 상점은 정상 영업하는 곳이 많다. 그러나, 홍콩의 가장 큰 명절인 구정 연휴에는 로컬 상점들은 긴 휴가에 들어가는 곳이 많으므로 방문 전에 미리 확인하는 것이 좋다. 대형 몰이나 백화점 등은 구정 연휴에도 정상 영업하거나 구정 당일 하루나 오전에만 문을 닫는다.

신정 1월 1일(양력)
구정 1월 1일~3일(음력)
청명절 4월 5일(음력)
부활절 4월 중순(양력)
석가탄신일 4월 8일(음력)
노동절 5월 1일(양력)

단오절 5월 1일(음력)
홍콩특별행정구 수립 기념일 7월 1일(양력)
중추절 8월 15일(음력)
중양절 9월 9일(음력)
중화인민공화국 수립일 10월 1일(양력)
크리스마스 12월 25일~26일(양력)

홍콩 여행 스마트폰 앱

택시

HKTaxi

EasyTaxi

Uber

버스

CitybusNWFB

지하철

MTR
Mobile

날씨

My
Observatory

가이드

My Hong
Kong Guide

레스토랑

Openrice

Shopping Brand list 1

홍콩 대표 쇼핑몰 브랜드 리스트

	Hong Kong Island 홍콩섬				
	IFC IFC 몰	**Landmark** 랜드마크	**Alexandra House** 알렉산드라 하우스	**Prince's Building** 프린스 빌딩	**Pacific Place** 퍼시픽 플레이스
CHANEL 샤넬				★	★
HÉRMES 에르메스				★	★
LOUIS VUITTON 루이비통		★			★
Dior 디올		★			★
GUCCI 구찌	★	★			★
PRADA 프라다	★		★		★
FENDI 펜디		★			★
VALENTINO 발렌티노	★	★			
CÉLINE 셀린느	★	★			★
BURBERRY 버버리					★
BALENCIAGA 발렌시아가		★			
SAINT LAURANT 생로랑			★		
Chloé 클로에	★			★	★
MONCLER 몽클레어	★				★
Roger Vivier 로저 비비에		★			
LOEWE 로에베		★			★
DELVAUX 델보		★			
miu miu 미우미우		★			★
GOYARD 고야드					★

| | | | Kowloon Peninsula 카오룽 반도 | | |
Times Square 타임스 스퀘어	Lee Garden 리 가든	SOGO 소고 백화점	Harbour City 하버 시티	Elements 엘리먼츠	Peninsula Arcade 페닌슐라 아케이드
★	★		★	★	★
	★	★	★	★	★
★	★		★	★	★
★	★			★	
★	★	★	★	★	
		★	★	★	
★			★	★	
	★	★	★	★	
★		★	★	★	
		★	★	★	
			★		
			★		
		★	★		
	★	★	★		
	★		★	★	
★			★	★	
			★		★
		★	★	★	
					★

Shopping
Brand list 2

홍콩 지역별 스파SPA 브랜드 리스트

Brand	Hong Kong Island 홍콩섬	Kowloon Peninsula 카오룽 반도
ZARA 자라	IFC, 퍼시픽 플레이스, 타임스 스퀘어, 센트럴(70 Queen's Rd.)	하버 시티, 엘리먼츠
H&M 에이치 앤 엠	코즈웨이 베이(HangLung Centre), 스탠리(Murray House)	실버코드, 엘리먼츠
COS 코스	IFC, 센트럴(74 Queens Rd.), 퍼시픽 플레이스, 코즈웨이 베이(2-4cKingston St.)	하버 시티
TOP SHOP 탑샵	센트럴(59 Queens Rd.)	
GAP 갭	센트럴(31 Queens Rd.), 하이산 플레이스	하버 시티
HOLLISTER 홀리스터	하이산 플레이스	
COTTON ON 코튼 온	센트럴(2-10 D'aguilar St.), 리 시어터 플라자	침사추 이(34-36 Granville Rd.)
J.Crew 제이크루	IFC, 타임스 스퀘어, 센트럴(Men's store 9 On Lan St.)	하버 시티

141
Causeway
ISSUE Nº
FOSSIL
1954
3
EXIT
CALLING ALL CU
Great Geor
FOLLOW US
141

D-mop
D-mop

Local
Shopping
Areas

Central · Sheung Wan · Admiralty
Wan Chai · Causeway Bay · Tsim Sha Tsui

Central

Best Shops

JOYCE 조이스

Seed HERITAGE 씨드

COS 코스

MARKS&SPENCER 막스 앤 스펜서

TOP SHOP 탑 샵

Christian Louboutin
크리스찬 루부탱

Christian Louboutin On Lan Men
크리스찬 루부탱 온 랜 맨

D-mop 디 몹

J.Crew Men's Shop 제이 크루 맨즈 숍

ISABEL MARNT 이자벨 마랑

Gianvito Rossi 지안비토 로시

THOM BROWNE_MEN 톰 브라운 맨

sacai 사카이

I.T 아이티

Acne Studios 아크네 스튜디오

COMME des GARÇONS 꼼 데 가르송

N°21 누메로 벤투노

ANN DEMEULEMEESTER
앤 드뮐미스터

HERMÈS 에르메스

SHANGHAI TANG 상하이 탕

Landmark Atrium 랜드마크 아트리움

Chater House 차터 하우스

Alexandra House 알렉산드라 하우스

Prince's Building 프린스 빌딩

IFC 아이에프씨

Best Restaurants + Cafe

MOTT 32 모트 32

DUDDELL'S 더델스

TimHoWan 팀호완

CARBONE 카본

BUGER CIRCUS 버거 서커스

La vache! 라 바시

GAUCHO 가우초

Mak's Noodle 막스 누들

BÈP Vietnamese Kitchen
벱 베트남 키친

STARBUCKS 스타벅스

Otto e Mezzo BOMBANA
오또 에 메쪼 봄바나

SEVVA 세바

The Mandarin Cake Shop
만다린 케이크 숍

FOXGLOVE 폭스글로브

IRON FAIRIES&CO 아이언 페어리즈

J. BOROSKI 제이 보로스키

홍콩 대표 쇼핑 도시

센트럴Central은 홍콩섬 중심에 위치한 홍콩의 금융, 경제, 상업, 교통의 중심지로 글로벌 기업의 오피스와 고급 백화점, 일류 호텔과 레스토랑이 몰려 있는 지역이다. 첨단 건물의 최신식 쇼핑몰 사이사이로 옛 모습을 그대로 간직한 돌계단과 오래된 상점들의 언발란스한 조화가 이국적 정취를 자아낸다. 높은 건물 사이로 바쁘게 오가는 2층 버스와 트램은 우리가 '홍콩' 하면 떠올리는 대표적인 이미지다. 낮에는 높은 빌딩 안과 빌딩 숲 사이로 말끔히 차려 입은 다국적 회사원들이 분주하게 움직이고, 저녁이 면 일대의 건물이 휘황찬란한 조명으로 옷을 갈아입고 화려한 자태를 뽐낸다.

아시아 패션 거점인 홍콩의 중심답게 세계 일류 브랜드 대표 매장이 건물마다 들어서 있는 쇼핑의 요지로, 많은 여행객과 홍콩 현지인이 찾는 지역이기도 하다.

빅토리아 하버 남쪽에 위치한 홍콩섬 센트럴이 홍콩 중심 지역으로, 오래전부터 발달한 상권을 바탕으로 곳곳에 많은 브랜드 매장과 몰이 있어 쇼핑하기에 좋고 편리하다. 거리를 지나다니는 사람들도 서양인이 많아 이곳이 유럽인지 외국인지 헷갈릴 정도이다.

Central
Shopping Map

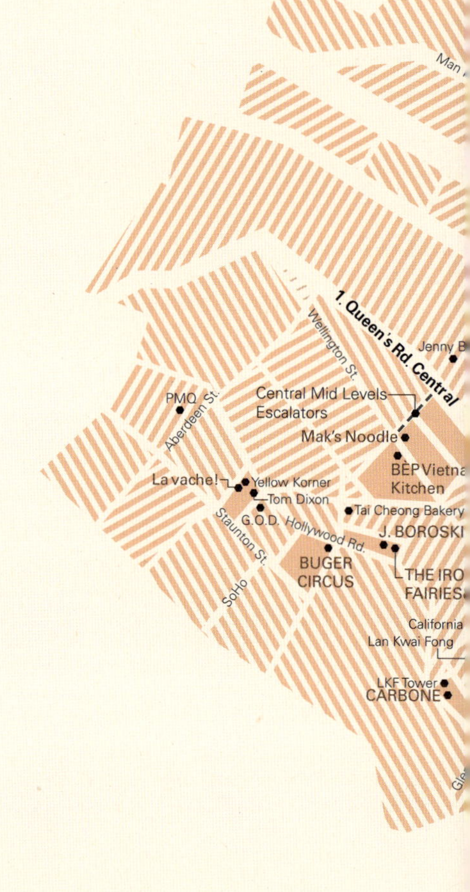

센트럴은 IFC에서 쇼핑과 관광을, 랜드마크 계열 주변 몰에서 쇼핑을, 퀸스 로드 센트럴 길을 따라 늘어선 편집
숍과 SPA 브랜드에서 쇼핑을, 온랜 스트리트, 아이스 하우스 스트리트 골목에서 컨템포러리 브랜드 쇼핑이 가
능하다. 이 지역 주요 몰들은 건물들끼리 연결 다리로 이어져 있어, 비 오는 날에도 우산 없이 건물 간 이동이 가
능하니 몰 안 표지판을 잘 확인하자.

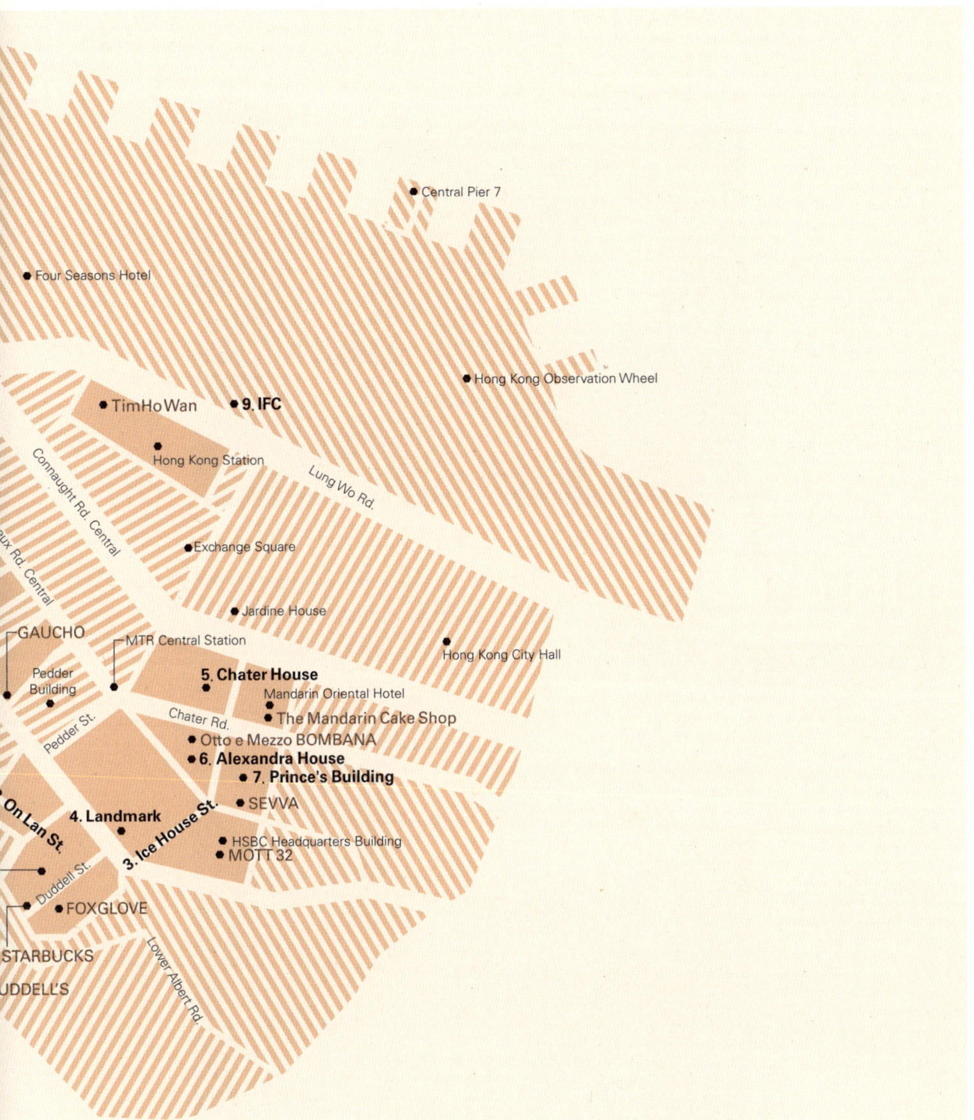

1 **Queen's Rd. Central** 퀸스 로드 센트럴

2 **On Lan St**. 온랜 스트리트

3 **Ice House St**. 아이스 하우스 스트리트

4 **Landmark Atrium** 랜드마크 아트리움

5 **Chater House** 차터 하우스

6 **Alexandra House** 알렉산드라 하우스

7 **Prince's Building** 프린스 빌딩

8 **IFC** 아이에프씨

Section

중앙에 위치한 퀸스 로드Queen's Rd.를 중심으로 럭셔리 브랜드와 스파 SPA 브랜드 본점이 몰려 있다. 아이스 하우스 스트리트Ice House St. 에는 대형 패션 그룹인 I.T 그룹에서 수입하는 브랜드 매장들이, 온랜 스트리트On Lan St.에는 조이스JOYCE 그룹이 수입하는 매장들이 몰려 있다.

Brands

센트럴은 IFC와 랜드마크LANDMARK 같은 대형 몰, 조이스나 아이티와 같은 편집숍, 자라ZARA나 H&M 같은 스파 브랜드와 해외 명품 브랜드 의 플래그십 스토어가 있어 폭 넓은 쇼핑을 할 수 있다.

Who

할리우드 로드Hollywood Rd.를 중심으로 남쪽에 위치한 소호South of Hollywood Rd. 지역과 북쪽에 위치한 노호North of Hollywood Rd. 지역은 작은 규모의 옷 가게들과 개성 있는 잡화 매장이 자리 잡고 있어 홍콩에 거주하는 젊은 패션 피플들과 외국인들이 많이 찾는다.

Price

센트럴 지역 쇼핑은 주요 거리들을 따라 비슷한 품목과 가격대의 매장들이 늘어서 있는 형태여서 목적과 예산에 맞춰 쇼핑을 즐기기 좋다.

Queen's Rd. Central
Shopping Map

퀸스 로드 센트럴 皇后大道中

센트럴 중심을 가로지르는 메인 로드로 랜드마크Landmark와 막스 앤 스펜서MARKS&
SPENCER, 자라ZARA, 갭GAP 등의 스파SPA 브랜드 매장이 모두 몰려 있는 쇼핑 거리이다. 그래서
늘 많은 쇼핑객과 인근 회사원으로 붐빈다. 퀸스 로드 센트럴의 매장들은 밤 9시에서 10시까지
도 영업하므로 저녁 식사 후 느긋하게 쇼핑을 즐길 수 있다.

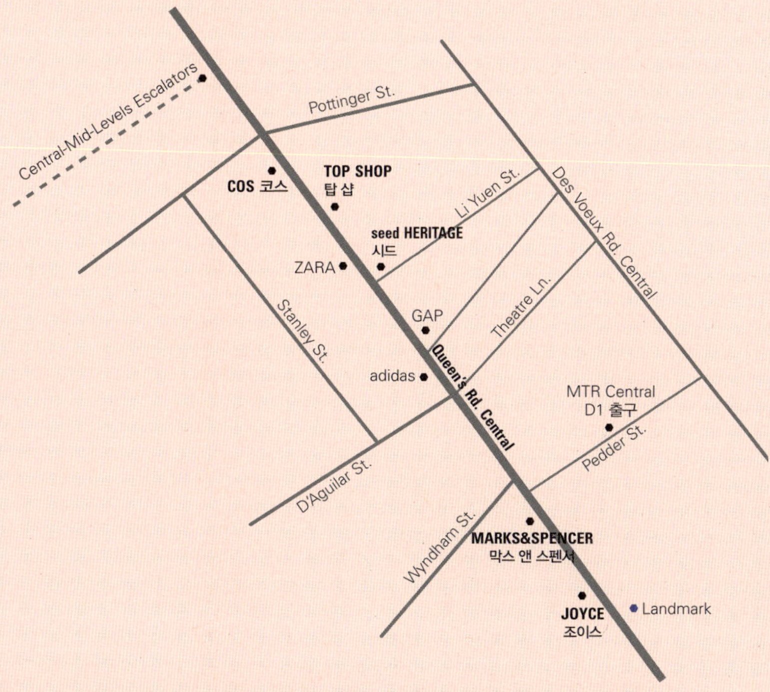

JOYCE 조이스

명품 브랜드 편집숍으로 지하 1층부터 지상 2층까지 총 3층 규모의 매장에 명품 디자이너 브랜드의 의류, 액세서리, 뷰티 제품이 화려하게 진열되어 있다. 지하 1층은 남성 패션, 1층은 여성 럭셔리 브랜드, 2층은 구두와 가방, 뷰티, 액세서리를 갖춘 온 페더ON PEDDER 매장과 컨템포러리 브랜드 의류를 판매한다.

주요 취급 품목은 톰 브라운THOM BROWNE, 지방시GIVENCHY, 셀린느CÉLINE, 생로랑SAINT LAURANT, 발망BALMAIN, 알라이야ALAIA, 록산다ROKSANDA, 마르니MARNI, 알렉산더 맥퀸ALEXANDER McQUEEN, 로에베LOEWE, 토가TOGA, 릭 오웬스Rick Owens, 몽클레어MONCLER, 질샌더JILSANDER, 스텔라 맥카트니STELLA McCARTNEY의 의류와 크리스찬 루부탱Christian Louboutin, 발렌티노VALENTINO, 주세페 자노티GIUSEPPE ZANOTTI의 슈즈 등 다양하다.

Address. New World Tower, 16–18 Queen's Rd. Central, Central **Location.** MTR Central 역 D1 출구에서 도보 3분 **Tel.** 852–2810–1120 **Open.** 10:30–19:30 **www.** joyce.com

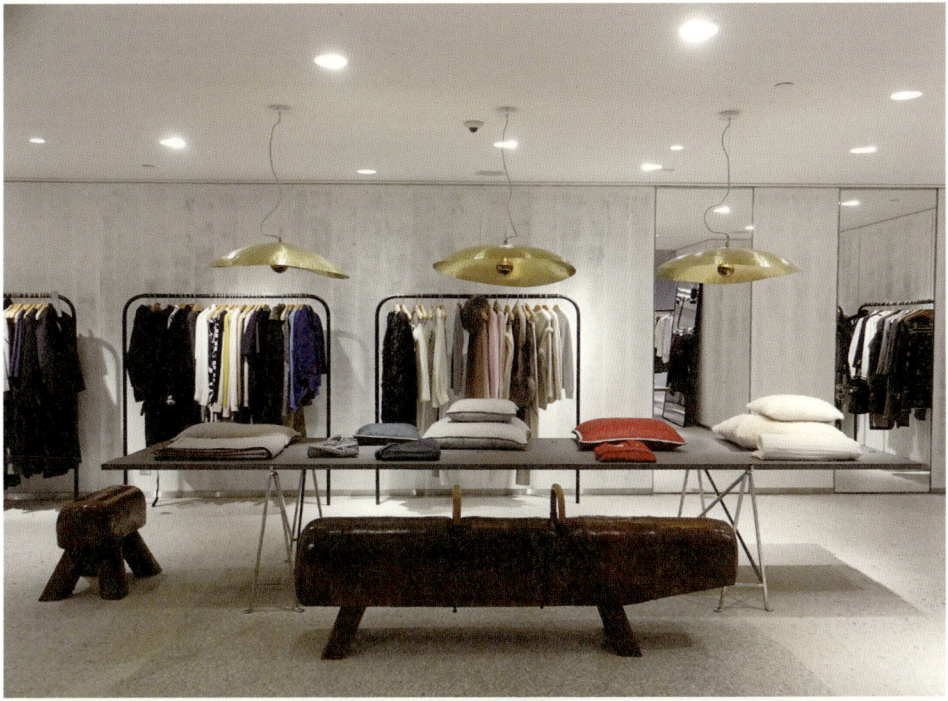

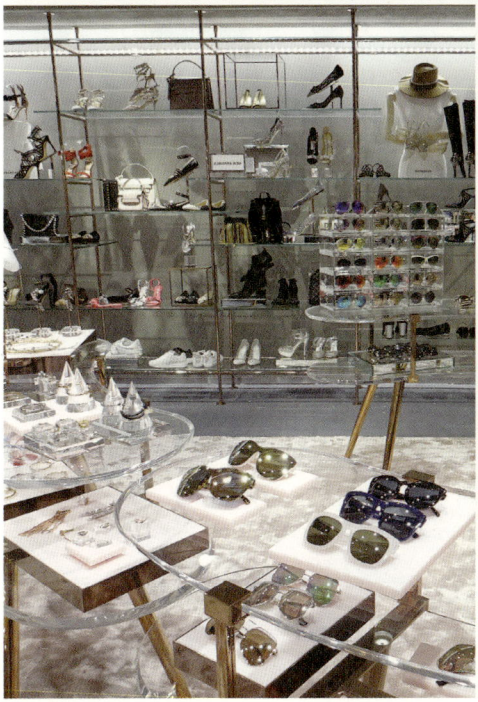

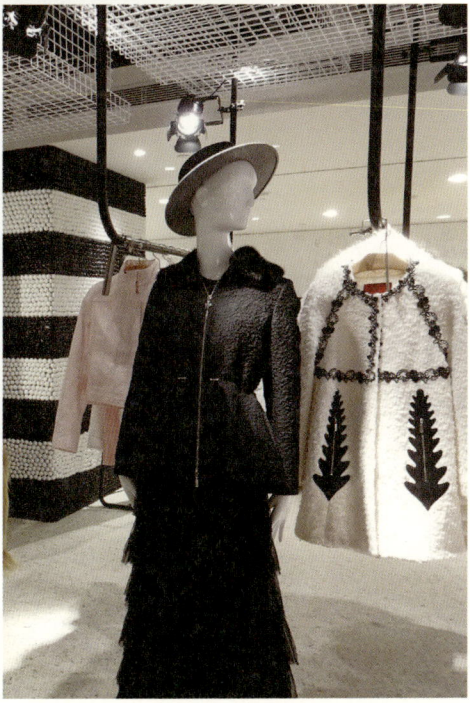

Seed HERITAGE 씨드

호주의 패션 브랜드 씨드의 아동복 매장으로 지하에서 지상 2층까지 연결되어 있다. 밝은 색상의 스팽글, 비즈 등으로 화려하게 장식한 의류와 액세서리, 장난감, 소품을 판매한다. 귀여운 프린트에 스팽글이 촘촘히 박힌 티셔츠와 파티 드레스, 보석이 박힌 가방과 머리핀, 모자 등 씨드만의 사랑스러운 아이템이 가득하다. 신생아부터 남·여 아동복, 그리고 청소년이 입을 수 있는 16세 사이즈까지 폭 넓은 사이즈의 아이템을 갖췄다.

Address. 41 Queen's Rd. Central, Central **Location.** MTR Central 역 D2 출구에서 도보 5분 **Tel.** 852-2921-8323 **Open.** 10:00-22:00 **www.** seedheritage. com

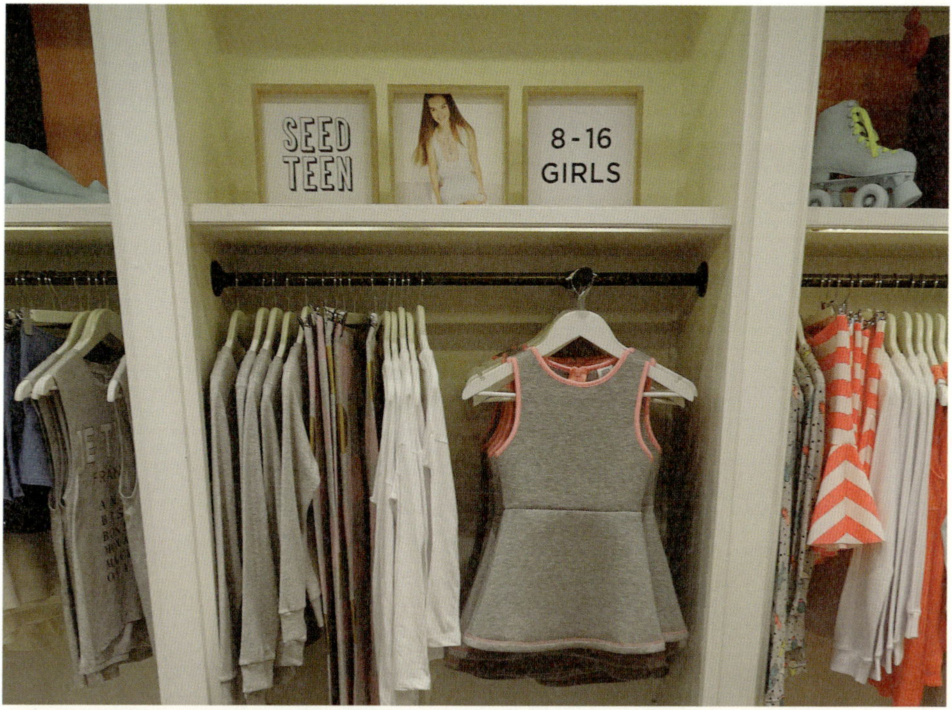
SEED
TEEN
8-16
GIRLS

GIRLS

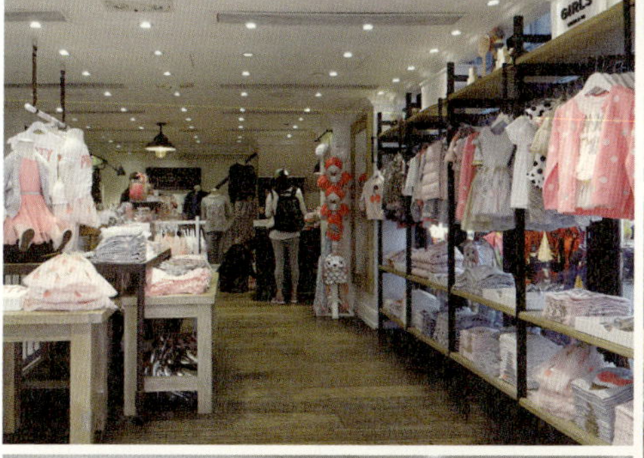

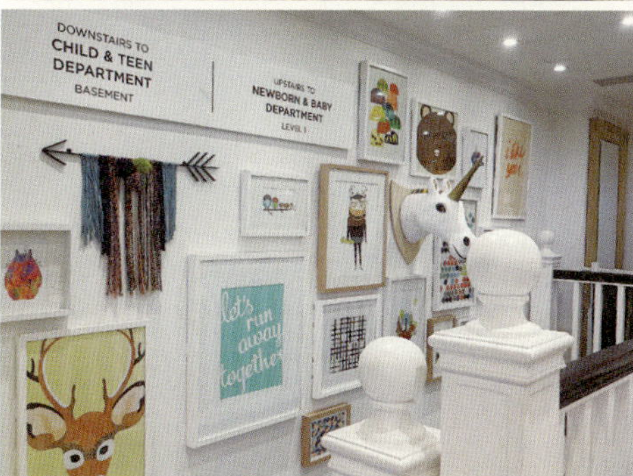

DOWNSTAIRS TO
CHILD & TEEN
DEPARTMENT
BASEMENT
UPSTAIRS TO
NEWBORN & BABY
DEPARTMENT
LEVEL 1
let's run away together

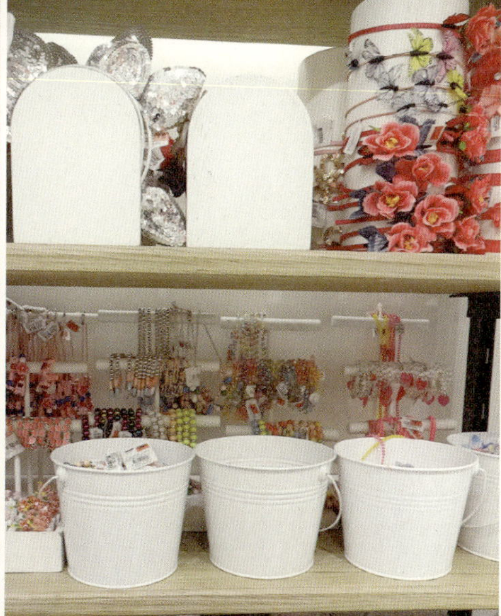

COS 코스

H&M 그룹의 하이 브랜드 매장으로 퀸스 로드 센트럴Queen's Rd. Central과 포팅거 스트리트Pottinger St.의 오래된 돌계단 사이에 있다. 매장 전체적인 분위기는 심플하지만 감각적이고, 무채색 계열의 유행을 타지 않는 심플한 디자인의 의류가 많다. H&M보다 가격대는 높지만 디자이너 브랜드 못지않은 디자인과 좋은 질의 상품을 구입할 수 있는 곳이다. 1층은 여성 의류, 2층은 여성 · 남성 · 아동 의류가 진열되어 있다. 세일 시즌에는 30~50%의 할인가에 구입할 수 있다.

Address. 74 Queen's Rd. Central, Central **Location.** MTR Central 역 D2 출구에서 도보 5분 **Tel.** 852-3580-7938 **Open.** 월-토요일 10:30-22:00, 일요일 10:30-21:00 **www**.cosstores.com

MARKS&SPENCER

막스 앤 스펜서

영국계 백화점으로 합리적인 가격에 기본 아이템을 쇼핑할 수 있다. 남성 슈트와 가방, 여성 드레스와 가디건, 잠옷, 아동용 액세서리와 속옷을 사기 좋은 곳. 패키지가 예쁜 초콜릿과 쿠키도 선물용으로 좋다.

Address. 1F, Central Tower, 22–28 Queen's Rd. Central, Central **Location.** MTR Central 역 D1 출구에서 도보 3분 **Tel.** 852-2921-8323 **Open.** 월–토요일 8:00–21:30, 일요일 10:00–21:00 **www.**marksandspencer.com

TOP SHOP 탑 샵

Address. 59 Queen's Rd. Central, Central **Location.** MTR Central 역 D2 출구에서 도보 5분 **Tel.** 852-2118-5353 **Open.** 10:30-22:00 **www.**topshop.com

청소년과 20대에게 인기 있는 영국계 스파SPA 브랜드 탑 샵의 홍콩 플래그십 스토어. 다양한 종류의 청바지와 셔츠, 스포츠 의류, 트렌디한 디자인의 구두, 액세서리를 쇼핑할 수 있는 곳이다.

On Lan St.
Shopping Map

온랜 스트리트 安蘭街

센트럴 중심 도로인 퀸스 로드 센트럴의 막스 앤 스펜서MARKS&SPENCER 건물 뒤에 자리한 좁은 골목에 핫한 명품 브랜드 매장이 속속 오픈하고 있다.

막스 앤 스펜서 매장 옆의 윈덤 스트리트Wyndham St. 돌계단을 오르면 정면에 보이는 크리스찬 루부탱Christian Louboutin 매장을 시작으로 왼편에 지안비토 로시Gianvito Rossi, 이자벨 마랑ISABEL MARNT, 사카이sacai, 릭 오웬스Rick Owens, 톰 브라운THOM BROWNE 맨즈, 제이 크루J.Crew 맨즈 매장과 편집숍 디─몹D-mop이 자리해 홍콩 패션 피플들의 새로운 쇼핑 명소로 떠오르고 있다.

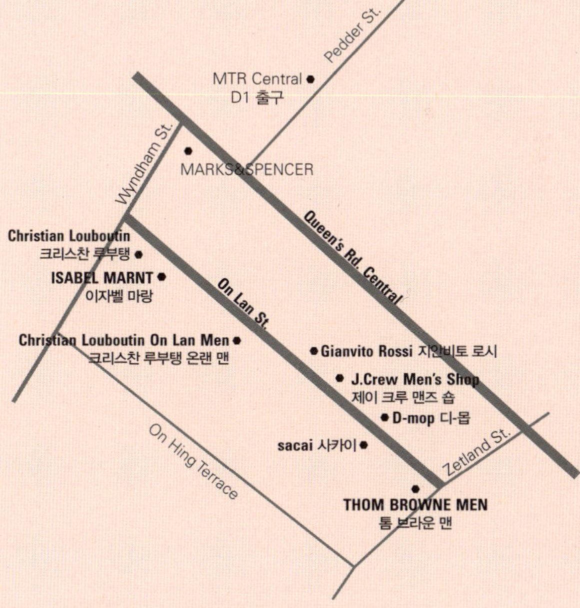

Christian Louboutin
크리스찬 루부탱

프랑스의 구두 장인 크리스찬 루부탱의 단독 스토어. 오리엔탈 분위기가 가미된
인테리어 매장 안에는 레드 솔red sole의 아름다운 구두들이 예술 작품처럼 진열
되어 있다. 일 년에 두 번 있는 여름, 겨울 세일 시즌에는 디자인에 따라 30~50%
할인 판매한다.

Address. Hang Shun Building, 10–12 Wyndham St., Central **Location.** MTR
Central 역 D1 출구에서 도보 5분 **Tel.** 852–2118–0016 **Open.** 11:00–20:00 **asia.**
christianlouboutin.com

Christian Louboutin On Lan Men
크리스찬 루부탱 온 랜 맨

크리스찬 루부탱의 남성 구두만 전문으로 판매하는 맨즈 스토어. 온랜 스트리트
On Lan St.와 윈덤 스트리트Wyndham St. 코너에 있는 기존의 크리스찬 루부탱 매장
2층에 남성 라인이 독립해, 2015년에 새롭게 문을 열었다.

Address. 2F Galuxe Building, 8–10 On Lan St., Central **Location.** MTR
Central 역 D1 출구에서 도보 5분 **Tel.** 852-2703-0027 **Open.** 11:00–20:00 **asia.**
christianlouboutin.com

D-mop 디 몹

세계 각국 신진 디자이너들의 독창적이고 개성 있는 컬렉션을 매 시즌 소개하는 편집숍으로 홍콩에 10개 이상의 매장이 있다. 1층에는 여성 의류와 액세서리, 지하에는 남성 캐주얼 의류 매장이 있다. 티비Tibi, 누메로 벤투노N° 21, 타쿤 에디션THAKOON Edition, 야즈부키yazbukey, 마커스 루퍼MARKUS LUPFER, 샬라얀Chanlayan, 안드레아 크루ANDREA CREWS, 아디다스adidas 등의 브랜드를 취급한다.

Address. 11–15 On Lan St., Central **Location.** MTR Central 역 D1 출구에서 도보 5분 **Tel.** 852–2840–0822 **Open.** 월–토요일 11:00–20:00, 일요일 11:00–19:00 **www**.d–mop.com

D-mop
SALE
PARTY LIKE US

J.Crew Men's Shop
제이 크루 맨즈 숍

다양한 디자인과 합리적인 가격대의 미국 브랜드 제이 크루의 남성 패션 전문 매장. 청바지, 티셔츠는 물론 다양한 종류의 스니커즈, 포멀한 셔츠와 재킷까지 심플하고 편안한 남성 패션 아이템을 한눈에 볼 수 있다.

Address. 9 On Lan St., Central **Location.** MTR Central 역 D1 출구에서 도보 5분 **Tel.** 852–2706–9122 **Open.** 11:00–20:00 **www**.jcrew.com

ISABEL MARNT 이자벨 마랑

2015년 새롭게 오픈한 이자벨 마랑의 플래그십 스토어. 2층 규모로 확장 이전하여 기존 아이스 하우스 스트리트Ice House St.에 있던 매장보다 더 많은 상품을 만나 볼 수 있다. 편안하면서도 멋스러운 프렌치 시크 룩의 의류와 액세서리를 쇼핑할 수 있다.

Address. 4–6 On Lan St., Central **Location.** MTR Central 역 D1 출구에서 도보 5분
Open. 11:00–20:00

Gianvito Rossi

지안비토 로시

이탈리아 구두 장인 세르지오 로시의 아들이 론칭한 지안 비토 로시의 홍콩 구두
매장으로, 세련된 디자인과 편안한 착화감으로 전 세계 슈즈 마니아들에게 사랑
받고 있다. 이탈리아 본사에서 직접 운영하는 아시아 최초의 매장으로 2012년에
온랜 스트리트에 문을 열었다.

Address. Lee Long Wah Building, 7 On Lan St., Central **Location.** MTR Central 역 D1
출구에서 도보 5분 **Open.** 10:30–19:30

THOM BROWNE_MEN

톰 브라운 맨

뉴욕 출신 디자이너 톰 브라운의 플래그십 스토어로, 홍콩 패션 그룹 조이스 JOYCE와 파트너십을 체결하고 2015년 온랜 스토어에 오픈했다. 뉴욕 톰 브라운 매장 분위기를 재현한 3층 규모의 매장에는 의류, 액세서리 등 남자 패션 관련 거의 모든 컬렉션을 볼 수 있다. 이곳은 남성 의류만을 취급하며 여성 의류는 인근 조이스에서 볼 수 있다.

Address. 18 On Lan St., Central **Location.** MTR Central 역 D1 출구에서 도보 5분 **Tel.** 852–2285–9002 **Open.** 11:00–20:00 **www.**thombrowne.com

sacai 사카이

독창적이고 입체적인 디자인 의류로 패션 피플들의 사랑을 받는 일본 디자이너
사카이의 홍콩 플래그십 스토어. 대표 브랜드인 사카이, 캐주얼 라인인 사카이 럭
Luck, 스포츠 브랜드 나이키와 사카이의 콜라보레이션 라인인 나이키랩x사카이
NIKELABxsacai 제품을 모두 취급한다.

Address. 18 On Lan St., Central **Location.** MTR Central 역 D1 출구에서 도보 5분 **Tel.**
852–2285–9080 **Open.** 11:00–20:00 **www.**sacai.jp

saca

GUCCI
Airport Express
Station
機場快綫站
Kowloon
九龍
Queen's Road Central
GALLERIA

Ice House St.
Shopping Map

아이스 하우스 스트리트 雪廠街

랜드 마크Landmark 옆 건물인 뉴 헨리 하우스New Henry House 건물과 에르메스HERMÈS 매장이 있는 갤러리아The Galleria 건물 사이의 좁은 도로. 아이스 하우스 스트리트에는 패션 그룹 I.T에서 수입하는 젊은 해외 브랜드 매장과 I.T 매장이 있다. 랜드마크 구찌 매장이 있는 출구로 나가 왼쪽으로 구찌 매장을 끼고 돌면 아이스 하우스 스트리트의 좁은 쇼핑 골목을 만날 수 있다.

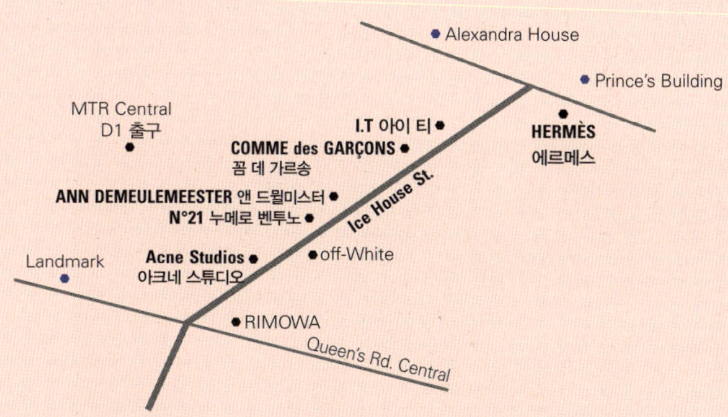

I.T 아이티

I.T 그룹의 럭셔리 영 캐주얼 패션 브랜드 편집숍. 엠에스지엠 MSGM, JW 앤더슨
JW ANDERSON, 앨리스 맥콜alice McCall, 콜리악coliac, 헬무트 랭HELMUT LANG, 하
우스 오브 홀랜드HOUSE OF HOLLAND 등 개성 강한 브랜드를 갖추고 있다.

Address. 10 Ice House St., Central **Location.** MTR Central 역 G·K 출구에서 도보 5분
Tel. 852–2147–5077 **Open.** 11:00–20:00 **www.ithk.com**

Acne Studios 아크네 스튜디오

스웨덴 컨템포러리 브랜드 아크네 스튜디오의 홍콩 첫 단독 매장으로 아시아 지역에서는 일본, 한국에 이어 세 번째로 오픈했다. 아크네 스튜디오는 단정하면서도 편안한, 위트있게 믹스된 디자인으로 20대~30대에서 폭 넓은 인기를 받고 있는 브랜드이다. 모던한 인테리어가 돋보이는 매장으로 기본 핏의 편안한 데님과 티셔츠, 시크한 디자인의 재킷과 액세서리가 있다.

Address. Shop 9, 10 Ice House St., Central **Location.** MTR Central 역 G·K 출구에서 도보 5분 **Tel.** 852-2955-7278 **Open.** 11:00-20:00 **www.**acnestudios.com

COMME des GARÇONS
꼼 데 가르송

일본 개성파 브랜드 꼼 데 가르송의 플래그십 스토어로, 기발한 패턴과 다양한 소재를 사용한 재미있고 예술적인 의류로 가득하다. 계단을 따라 내려가면 지하 매장에 의류, 가방, 신발, 향수 등이 라인별로 전시되어 있다.

Address. Shop B2, 10 Ice House St., Central **Location.** MTR Central역 G·K 출구에서 도보 5분 **Tel.** 852–2869–5906 **Open.** 11:00–20:00 www.comme-des-garcons.com

N°21 누메로 벤투노

아이스 하우스 스트리트 중심에 오랜 기간 자리한 메종 마르지엘라의 매장이 문을 닫고 그 자리에 이탈리아 패션 브랜드 누메로 벤투노 N°21가 홍콩 내 첫 매장을 열었다. 기존 I.T 그룹 편집숍에서 볼 수 있던 것보다 많은 종류의 의류와 가방, 구두 셀렉션을 갖춘 매장으로 여성과 남성 패션을 모두 볼 수 있다.

Address. Shop 7, 10 Ice House St., Central **Location.** MTR Central 역 G·K 출구에서 도보 5분 **Open.** 11:00–20:00 **www**.numeroventuno.com

ANN DEMEULEMEESTER

앤 드뮐미스터

Address. Shop 6, 10 Ice House St., Central **Location.** MTR Central 역 G·K 출구에서 도보 5분 **Tel.** 852–2526–8250 **Open.** 11:00–20:00 **www**.anndemeulemeester.com

벨기에 대표적인 디자이너 앤 드뮐미스터의 홍콩 플래그십 스토어. 주로 무채색을 사용한 남성성과 여성성이 공존하는 디자인, 다양한 소재와의 접목, 강한 대비와 커팅, 드레이핑draping이 특징이다.

HERMÈS 에르메스

홍콩 에르메스의 유일한 단독 매장으로 지하 1층과 지상 1층에 여성 · 남성 패션, 가죽 제품과 홈 인테리어 제품을 볼 수 있다. 버킨Birkin이나 켈리Kelly 같은 인기 모델은 구경도 하기 어렵지만 그 외의 가방, 액세서리, 의류 등은 다른 매장보다 물건이 많으므로 들러 볼 가치가 있다.

Address. The Galleria, 9 Queen's Central **Location.** MTR Central 역 G·K 출구에서 도보 5분 **Tel.** 852-2919-5000 **Open.** 10:30-19:30 www.hermes.com

GIORGIO ARMANI
GIORGIO ARMANI
GIORGIO ARMANI
GIORGIO ARMANI

Landmark Building Shopping Map

랜드마크 빌딩

랜드마크는 메인 몰인 랜드마크 아트리움Landmark Atrium과 별관인 알렉산드라 하우스Alexandra House, 차터 하우스Chater House 프린스 빌딩Prince's Building이 연결되어 있다. 랜드마크 홈페이지에서는 메인 몰과 별관을 함께 묶어 소개하지만, 현지인들은 메인 몰과 별관을 구분지어 생각하기 때문에 택시를 타거나 길을 물을 때 주소를 보여주면 찾기 쉽다.

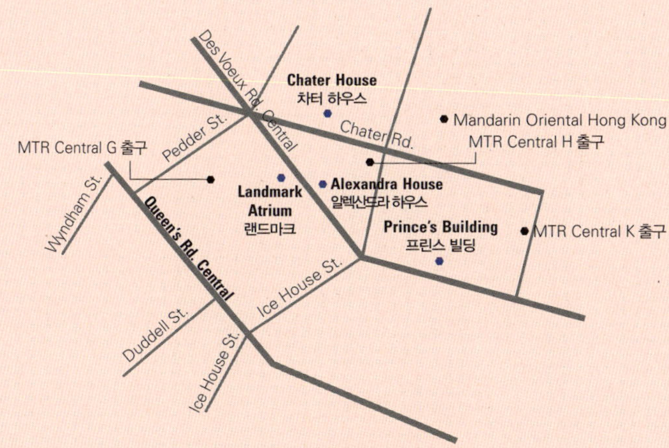

Landmark Atrium

랜드마크 아트리움 *Location. 352p*

홍콩에서 가장 고급스러운 분위기의 쇼핑몰로 구찌, 디올, 셀린느, 루이비통, 발렌시아가, 델보, 로저 비비에 등의 매장이 있다. 지하 1층에는 랜드마크 맨Landmark Men이라는 이름의 남성 패션 매장을 모아 둔 층이 있어 명품 브랜드의 맨즈 의류, 신발, 시계 등을 한 눈에 둘러보기 좋다.

지상 2층에서 인근의 프린스 빌딩Prince's Building, 알렉산드라 하우스Alexandra House, 차터 하우스Chater House 건물과 실내로 연결되어 여러 몰을 함께 둘러보기 좋고, 로비 층의 미우미우와 구찌 사이 출입구로 나오면 퀸스 로드 센트럴Queen's Rd. Central과 만나게 되어 퀸스 로드 센트럴을 따라 스포츠 용품과 스파SPA 브랜드 쇼핑을 즐길 수 있다. 구찌 매장을 끼고 왼쪽으로 돌면 아이스 하우스 스트리트Ice House St. 쇼핑 골목과도 만나게 된다.

Address. LANDMARK, 15 Queen's Rd. Central, Central (置地廣場, 中環皇后大道中15號)
Location. MTR Central 역 G출구에서 도보 10분 **Tel.** 852-2500-0555 **Open.** 10:00−22:00
www. landmark.hk

HARVEY NICHOLS
Dior
Dior
Dior
VALENTINO
FENDI
FENDI
FENDI
FENDI

GUCCI
GUCCI
FRIDAY
Queen's Road Central

Chater House
차터 하우스

차터 하우스는 이탈리아 패션 브랜드 아르마니ARMANI의 콘셉트 스토어가 입점되어 아르마니 빌딩으로도 불린다. 조르지오 아르마니GIORGIO ARMANI, 엠포리오 아르마니 EMPORIO ARMANI 매장이 2층 규모로 있고, 키즈 라인인 아르마니 주니어ARMANI JUNIOR, 아르마니 스타일의 플라워 숍인 아르마니 피오리ARMANI FIORI, 뷰티 매장인 조르지오 아르마니 코스메틱GIORGIO ARMANI COSMETIC과 이탈리안과 일식을 함께 제공하는 레스토랑 아르마니 아쿠아ARMANI AQUA, 루프탑 테라스 바가 있는 아르마니 프리베ARMANI PRIVÈ까지 아르마니 브랜드로 꽉 채워진 아르마니 천하의 빌딩이다.

빌딩 1층에는 랜드마크 아트리움, 프린스 빌딩, 알렉산드라 하우스, 만다린 오리엔탈 호텔과 연결된 지상 통로가 있다.

Address. 8 Connaught Rd., Central **Location.** MTR Central 역 E 출구 **Tel.** 852–2500–0555 **www.**landmark.hk

GIORGIO ARMANI
EMPORIO ARMANI
Des Voeux Road Central
CROWN
RECORDS MANAGEMENT

遮打大廈
CHATER
HOUSE
1/F
↑ 歷山大廈、置地廣場中庭
太子大廈
置地文華東方酒店
↙ 遮打道、中環站
↑ Alexandra House, Landmark Atrium
Prince's Building
The Landmark Mandarin Oriental Hotel
↙ Chater Road, Central Station
置地廣場 L LANDMARK
GIORGIO ARMANI
GIORGIO ARMANI

Alexandra House

알렉산드라 하우스

차터 하우스와 랜드마크 아트리움 사이에 있는 알렉산드라 하우스는 프린스 빌딩, 차터 하우스, 랜드마크 아트리움과 함께 랜드마크에 속한 빌딩이다. 대표적인 매장으로는 생로랑SAINT LAURANT, 돌체 앤 가바나DOLCE&GABBANA, 프라다PRADA가 있고 미슐랭 쓰리 스타에 빛나는 이탈리안 레스토랑 오또 에 메쬬 봄바나Otto e Mezzo BOMBANA가 있다.

Address. 18 Chater Rd., Central **Location.** MTR Central 역 H 출구 **Tel.** 852–2500–0555 **www.** landmark.hk

SAINT LAURENT
PARIS
DOLCE & GABBANA
SAINT LAURENT
PARIS

Prince's Building 프린스 빌딩

센트럴 만다린 오리엔탈 호텔과 연결된 빌딩으로 규모는 작지만 샤넬CHANEL, 반 클리프 앤 아펠Van Cleef &Arpels, 까르띠에Cartier 같은 럭셔리 브랜드들을 중심으로 고급 슈퍼마켓, 아동과 인테리어 전문 숍, 서점 등 알찬 매장 구성으로 현지인에게 사랑받는 쇼핑몰이다. 샤넬, 끌로에Chloé, 반 클리프 앤 아펠, 랄프 로렌RALPH LAURENT 등의 클래식한 럭셔리 브랜드와 벌루티Berluti, 처치스Church's 등 남성 가죽용품 매장, 젊은층에 인기 있는 실버 주얼리 브랜드인 크롬 하츠CHROME HEARTS 가 입점해 새로운 고객층을 불러 모으고 있다.

1층에는 미국산 식재료가 풍부한 슈퍼마켓 올리버OLIVER'S와 인테리어 매장, 2층에는 수입 아동복, 장난감, 유아용품, 주방용품 매장이 있어서 아이가 있거나 주부들이 둘러보면 구경하는 재미가 있는 있는 알짜배기 쇼핑몰이기도 하다. 빌딩 규모가 크지 않아 차분하게 둘러보기 편하다.

Address. 10 Chater Rd., Central   **Location.** MTR Central 역 K 출구 **Location.** MTR Central 역 K 출구 **Tel.** 852-2500-0555 **Open.** 10:00–22:00 **www.** landmark.hk

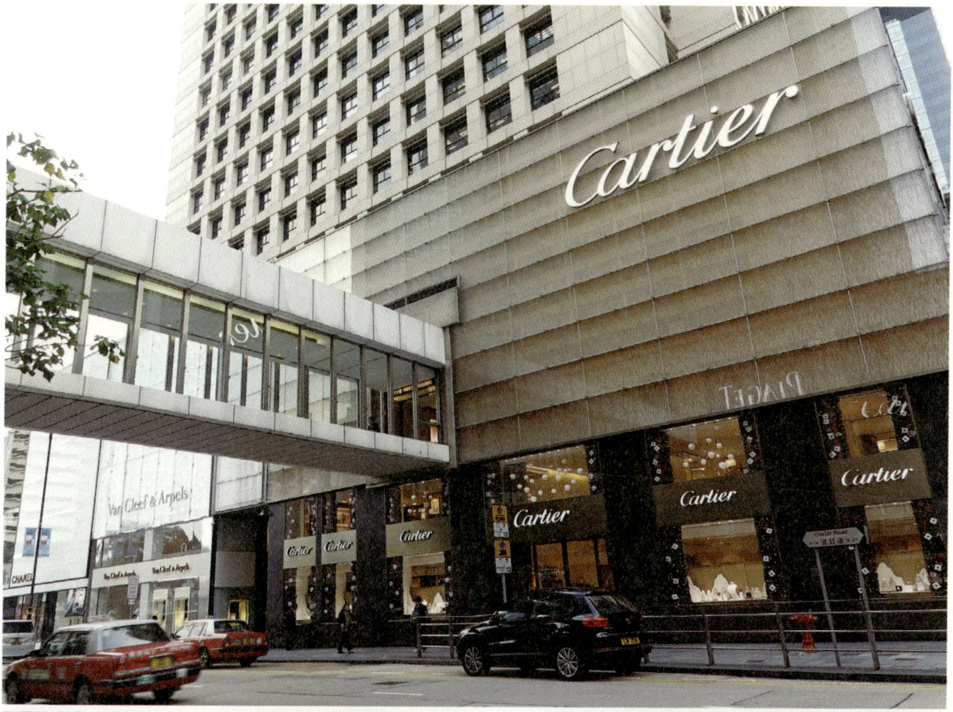

CHANEL

RALPH LAUREN

PRINCE'S
BUILDING
太子大廈
Van Cleef & Arpels
CHANEL
Cartier

In Prince's Building
프린스 빌딩 내 주요 매장

CHANEL 샤넬

Location. Prince's Building G·M·1F　**Tel.** 852–2810–0978　**Open.** 월–목요일 10:00–19:00, 금–토요일 10:00–20:00, 일요일 · 공휴일 11:00–18:00
www.chanel.com

Van Cleef&Arpels
반 클리프 앤 아펠

Location. Prince's Building G · MF　**Tel.** 852–2522–9677　**Open.** 10:00–19:30, 일요일 · 공휴일 10:00–19:00　**www**.vancleefarpels.com

CHROME HEARTS
크롬 하츠

젊은층에 인기 있는 실버 주얼리 브랜드

Location. Prince's Building GF **Tel.** 02–2810–6932 **Open.** 1:00–19:00, 일요일 · 공휴일 12:00–18:00 **www.chromehearts.com**

Party time
파티 타임

다양한 캐릭터의 파티용품의 모든 것

Location. Prince's Building 2F **Tel.** 852–2190–4032 **Open.** 10:00–19:00, 일요일 · 공휴일 10:30–18:00

INSIDE
인사이드

인도풍의 소품과 침구류를 취급

Location. Prince's Building 2F **Tel.** 852–2537–6298 **Open.** 10:00–19:00, 일요일 · 공휴일 11:00–18:00

indigo
인디고

스타일리시한 가구와 인테리어 소품점

Location. Prince's Building **2F Tel.** 852–2801–5512 **Open.** 10:00–19:00

OLIVER'S
올리버

수입 식재료와 와인이 풍부한 슈퍼마켓

Location. Prince's Building **G·MF Tel.** 852–2810–7710 **Open.** 8:00–21:00, 토 · 일요일 · 공휴일 08:30–20:00 **www.oliversthedeli.com.hk**

PAN-HANDLER
팬 핸들러

각종 주방 용품 전문점

Location. Prince's Building **3F Tel.** 852–2523–1672 **Open.** 10:00–19:00, 일요일 · 공휴일 10:00–18:00

WISE KIDS
와이즈 키즈

수입 장난감 전문점

Location. Prince's Building **3F** **Tel.** 852–2377–9888 **Open.** 10:00–19:00 **www.**wisekidstoys.com

BOOKaZINE
부커진

문구, 서적, 장난감이 다양한 체인 서점

Location. Prince's Building **3F** **Tel.** 852–2522–1785 **Open.** 월–토요일 9:30–19:30, 일요일 · 공휴일 10:30–18:30 **www.**bookazine.com.hk

Bonpoint
봉쁘앙

프렌치 아동복

Location. Prince's Building **3F** **Tel.** 852–2526–9969 **Open.** 10:00–19:30, 일요일 10:30–18:30 **www.**bonpoint.com

IFC 아이에프씨 *Location. 324p*

센트럴 국제 금융 센터 아래에 자리한 대형 쇼핑몰로 MTR과 공항 철도의 홍콩 역과 연결되고 페리 터미널과도 가까워 늘 많은 사람이 찾는 홍콩의 대표적인 쇼핑몰이다. 디자이너 브랜드 편집숍인 레인 크로포드Lane Crawford와 구찌GUCCI, 발렌티노VALENTINO, 톰 포드TOM FORD를 비롯한 럭셔리 브랜드와 코스COS, 자라ZARA, 제이 크루J.Crew 등 스파SPA 브랜드, 고급 슈퍼마켓인 시티 슈퍼c!ty'super와 대형 애플 스토어가 입점되어 다양한 상품을 쾌적한 환경에서 쇼핑할 수 있다. 또, IFC 내의 레스토랑들은 홍콩에서 인기 있는 중식, 일식, 양식이 모두 모여 있어 어디를 가도 안심하고 맛있는 식사를 즐길 수 있다.

Address. IFC mall, 8 Finance St., Central(國際金融中心商場, 香港中環金融街八號)
Location. 지하철 MTR Hong Kong station F 출구 **Tel.** 852-2295-3308 **Open.** 매장별 상이 **www.ifc.com.hk**

Central
Restaurant&Cafe

센트럴 레스토랑&카페 皇后大道中

센트럴은 홍콩을 대표하는 중심 지역답게 유명 레스토랑들이 대거 포진해 있다. 유명 호텔 스타 셰프 레스토랑과 대형 몰 안의 카페, 레스토랑을 중심으로 오랫동안 홍콩 현지인들에게 지지를 받는 홍콩식 레스토랑까지 늘 화제의 중심이 되는 레스토랑은 대부분 센트럴 지역에 있다고 보면 된다. 그러나 비싼 가게 임대료와 막대한 인테리어 비용 등을 감당하지 못하고 금세 문을 닫는 레스토랑도 많아 변화가 빠른 지역이다.

대부분 유명한 곳은 예약이 필수이고 식사 비용도 만만치 않으니 여행 전에 미리 레스토랑 홈페이지에서 메뉴와 비용, 드레스 코드와 예약 가능 여부를 알아보고 가는 것이 좋다. 언제 가도 비교적 편하게 다양한 메뉴 선택이 가능하고 위생적인 식사가 가능한 곳은 대형 쇼핑몰 안의 식당가이다.

MOTT 32 모트 32

홍콩에서 가장 핫한 모던 차이니스 레스토랑으로 섬세한 맛은 물론, 화려한 모던 홍콩 스타일의 인테리어로 눈이 즐거운 곳이다. 광둥요리를 기본으로 북경 · 사천요리를 맛볼 수 있다. 점심에는 다양한 딤섬 메뉴가 있다. 저녁은 단품 요리 위주로 제공되어 딤섬의 종류도 적고 식사 비용도 두 배 가까이 든다.

점심 딤섬 메뉴는 종류가 다양해서 단품 요리 없이 딤섬만 여러 종류 주문하면 좋다. 보통 딤섬 한 접시에 3개 정도의 딤섬이 제공되는데, 인원수에 맞춰 개수를 주문할 수 있어 여러 명이 함께 식사하기 좋다. 베이징 덕은 하루 전에는 미리 주문해야 하므로 예약 시 미리 주문해야 한다. 1인당 예산은 점심 딤섬이 300~500HK$ 전후, 저녁은 500~700HK$ 정도로 잡으면 된다.

Type. Chinese Cuisine **Address.** Standard Chartered Bank bdg, 4–4A Des Voeux Rd., Central **Location.** MTR 센트럴 역 K 출구에서 도보 3분 **Tel.** 852–2885–8688 **Open.** 12:00–23:00 www.mott32.com

DUDDELL'S 더델스

홍콩을 대표하는 패션 브랜드 상하이 탕의 본점. 상하이 탕 맨션 위에 자리한 광둥요리 레스토랑으로 미슐랭에서 별 두 개를 받았다. 예술적인 인테리어로도 유명한데 3층은 레스토랑, 그 위층은 바와 테라스로 운영된다.

세련된 식기에 음식을 세팅하여 스타일리시한 현지인들에게 큰 사랑을 받고 있다. 1인당 예산은 점심은 300~400HK$, 저녁은 500~600HK$ 정도로 잡으면 된다. 딤섬 메뉴는 점심에만 제공된다.

Type. Chinese Cuisine **Address.** LHT Tower, 31 Queen's Rd. Central, Central,
Location. MTR 센트럴 역 D2 출구에서 도보 1분 **Tel.** 852-2885-0789 **Open.** 10:00-
21:00 **www**.duddells.co/landing

TimHoWan
팀호완

전 세계 미슐랭 스타 레스토랑 중 평균 메뉴 가격이 가장 저렴한 곳으로 유명하다. 부담 없는 가격에 정통 딤섬을 맛볼 수 있는 곳으로, 미슐랭 가이드에서 별 하나를 받았다. 예약을 받지 않아 식사 시간에는 늘 긴 줄이 늘어서 있으므로 오픈 시간에 맞춰 아침 일찍 가는 것이 좋다.

Type. Chinese Cuisine **Address.** Shop 12A, Hong Kong Station (Podium Level 1, ifc Mall), Central **Location.** 센트럴 ifc와 연결된 MTR 홍콩 역, 에어포트 익스프레스 터미널 지하
Tel. 852-2332-3078 **Open.** 9:00-21:00 **www**.timhowan.com

CARBONE 카본

뉴욕 스타일의 이탈리안 레스토랑으로, 와인과 곁들이기 좋은 맛이 진한 이탈리아 요리를 맛볼 수 있다. 메뉴 하나하나의 양이 푸짐해서 여러 명이 가서 즐기기에 좋다. 인기 메뉴는 바로 섞어 주는 시저 샐러드와 매콤한 토마토소스가 일품인 미트볼이다. 디저트로 나오는 바나나 플람베도 추천 메뉴 중 하나이다.
점심과 저녁 메뉴는 가격이 동일하므로 저녁에 가 볼 것을 추천한다. 1인당 예산은 400HK\$ 정도이고 와인 가격은 별도이다. 사전 예약은 필수.

Type. Italian Cuisine **Address.** 33 Wyndham St., Central **Location.** 란콰이펑 LKF 호텔, Hard Rock 카페와 같은 건물 9층 **Tel.** 852-2593-2593 **Open.** 런치 12:00–14:30, 디너 18:00–23:30(일–목요일), 18:00–24:00(금·토요일) www.carbone.com.hk

BUGER CIRCUS
버거 서커스

역차 객실을 테마로 한 19세기 아메리칸 다이너를 재현한 인기 햄버거 레스토랑.
정통 미국식 햄버거와 밀크셰이크를 맛볼 수 있다. 감각적인 매장 인테리어와 제
품 패키지도 이곳의 강점 중 하나이다. 오전 11시부터 오후 11시까지 영업하므로
시간에 구애받지 않고 가볍게 한 끼 식사를 즐길 수 있다.

Type. American Cuisine **Address.** 22 Hollywood Rd., Central **Location.** MTR 센트럴
역 D1 출구에서 도보 10분 **Tel.** 852-2878-7787 **Open.** 일-수요일 11:00-23:00, 목-토요일
11:00-15:00 **www**.burgercircus.com.hk

La vache! 라 바시

파리에서 만날 수 있는 프렌치 비스트로 스테이크를 맛볼 수 있는 곳. 프랑스식 갈빗살 스테이크와 샐러드, 음료, 프렌치프라이가 세트로 제공되는 단 한 가지 메뉴만 제공한다. 주문 시, 고기를 익히는 정도만 알려 주면 으깬 호두를 올린 샐러드를 시작으로 메인인 립 아이 스테이크와 얇고 바삭한 프렌치프라이, 디저트를 세트로 제공한다.

가격은 1인당 298HK$로 서비스료 10%가 추가된다. 점심은 인원에 관계없이 예약 가능하고, 저녁 예약은 5명 이상만 받는다.

Type. French Cuisine　**Address.** 48 Peel St., Central　**Tel.** 852-2880-0248
Open. 런치 12:00-14:30(월-토요일), 디너 18:00-24:00(월-일요일)　**www.**
lavache.com.hk

GAUCHO 가우초

영국에 체인을 둔 아르헨티나 스타일의 스테이크 전문점. 모든 스테이크는 아르헨티나에서 목초를 먹여 방목한 소고기를 사용한다. 대표 메뉴는 마늘과 파슬리, 올리브오일에 숙성한 등심 스테이크와 부드러운 안심 스테이크인 가우초 버거이다. 점심에는 런치 프리픽스 세트 메뉴를 맛볼 수 있다. 2코스 선택 시 260HK$, 3코스는 290HK$이고, 서비스료 10%가 추가된다. 레스토랑 규모가 커서 예약이 비교적 쉽고, 홈페이지에서도 예약할 수 있다.

Type. European Cuisine **Address.** LHT Tower 5F, 31 Queen's Rd. Central, Central
Location. 퀸스 로드 센트럴 갭 매장 건물 5층 **Tel.** 852-2386-8090 **Open.** 런치12:00–15:00(토요일 12:00–16:00, 일요일 11:00–16:00), 디너 17:00–23:00(일요일 17:00–22:00)
www.gauchorestaurants.com.hk

Mak's Noodle 막스 누들

현지인들에게 최고의 완탕 누들 레스토랑으로 꼽히며 오랫동안 사랑받는 완
탕 누들 전문점. 대표 메뉴는 새우 완탕을 넣은 쉬림프 완탕 누들로 한 그릇에
37HK$로 저렴하다. 간단하고 빠르게 맛있는 한 끼를 해결하고 싶다면 들러 볼
만하다.

Type. Chinese Cuisine **Address.** G/F, 77 Wellington St., Central **Tel.** 852–2854–
3810 **Open.** 11:00–21:00 **www**.maksnoodle.com

BÈP Vietnamese Kitchen

벱 베트남 키친

센트럴에서 오랫동안 사랑받은 베트남 레스토랑으로 나트랑Nahtrang 자리에 이름을 바꿔 재오픈했다. 베트남 국수인 포가Pho ga, 분짜오Bun Xao 등 간편하고 입맛을 돋우는 다양한 메뉴가 있다. 예약은 받지 않는다.

Type. Vietnamese cuisine **Address.** 88–90 Wellington St., Central **Tel.** 852–2581–9992 **Open.** 런치 12:00–16:30, 디너 18:00–23:00 **www.**bep.hk

STARBUCKS

스타벅스

1875년~1889년에 지어진 돌계단과 그 위아래에 남아 있는 홍콩의 마지막 가스등으로 유명한, 역사적인 더델 스트리트 돌계단 옆에 자리한 스타벅스 콘셉트 스토어. 홍콩 현지 디자인 회사인 G.O.D와 합작해 만든 매장 내부는 홍콩 전통 찻집을 테마로 꾸며진 독특한 공간이다. 한자로 적은 메뉴판과 옛 찻집 분위기의 테이블과 의자, 소품 등이 시간을 거슬러 올라간 듯한 느낌을 준다.
스타벅스 일반 메뉴 이외에도 이곳만의 특별한 홍콩 스타일 디저트와 밀크티 등을 맛볼 수 있다.

Type. Cafe **Address.** Baskerville House, 13 Duddell St., Central **Location.** 랜드마크몰 구찌 건너편, 롱샴 매장과 베르사체 매장 건물 사이 더델 스트리트 돌계단 중간 **Tel.** 852-2523-5685 **Open.** 월-목요일 7:00-21:00, 금요일 7:00-22:00, 토요일 8:00-22:00, 일요일 9:00-20:00 **www.starbucks.com**

Otto e Mezzo BOMBANA

오또 에 메쪼 봄바나

2010년 오픈 이래 홍콩 최고의 이탈리안 레스토랑으로 평가받으며, 오랫동안 최고의 자리를 지키는 셰프 움베르토 봄바나Umberto Bombana가 이탈리아 현지에서 최상의 식재료를 공수해 만드는 정통 이탈리안 레스토랑. 이탈리아 밖의 나라에서는 유일하게 미슐랭 쓰리 스타를 획득한 레스토랑으로 2011년부터 현재까지 그 명성을 유지하고 있다. 홍콩에서 가장 예약이 어려운 레스토랑이므로 반드시 여행 출발 전에 예약해야만 한다. 드레스 코드는 스마트 캐주얼로 남자의 경우 반바지, 민소매, 샌들이나 슬리퍼 차림은 삼갈 것. 1인당 식사 예산은 세트 메뉴 기준 점심 1000HK$, 저녁 1500HK$ 정도로 비싼 편이다.

Type. Italian Cuisine **Address.** Alexandra house, 18 Chater Rd., Central **Location.** MTR Central 역 H 출구 도보 3분. 알렉산드라 하우스 2층 스타벅스 옆 **Tel.** 852-2537-8859 **Open.** 런치 12:00 – 14:30, 디너 18:30–22:30, 일요일 휴무 **www**.ottoemezzobombana. com

SEVVA 세바

화려한 야경의 중심인 센트럴 한가운데 위치한 레스토랑&바로, 홍콩의 야경을 즐기기에 가장 좋은 곳으로 유명하다. 점심과 저녁에는 식사도 가능하고, 저녁에는 실외의 바만 이용할 수도 있는데, 식사는 비싼 가격만큼 맛이 뛰어나지는 않으므로 다른 곳에서 식사를 한 후에 바를 이용하는 것을 추천한다. 오후 2시 30분부터 5시까지는 애프터 눈 티 메뉴도 준비되어 있어 낮에 티타임을 즐기기에도 좋다. 빅토리아 하버와 홍콩 주요 빌딩이 한눈에 보이는 핫 플레이스이다.

Type. Cafe&Bar **Address.** Prince's Building 25F, 10 Chater Rd., Central **Location.** MTR Central역 K 출구. 프린스 빌딩 25층 **Tel.** 852-2537-1388 **Open.** 월-금요일 런치 12:00-14:30, 토요일 브런치 11:00-15:00, 월-금요일 애프터눈 티 14:30-17:00(토요일 15:00-17:30), 월-토요일 디너 18:00-22:30, 바 18:00-24:00(목-토요일18:00-2:00), 일요일 휴무 **www.sevva.hk**

The Mandarin Cake Shop
만다린 케이크 숍

Type. Cafe **Address.** Mandarin Oriental Hotel, 5 Connaught Rd. Central **Location.** 만
다린 오리엔탈 호텔 메자닌 층 **Tel.** 852-282-4008 **Open.** 8:00-20:00, 일요일 8:00-19:00
www.mandarinoriental.com/hongkong/fine-dining/the-mandarin-cake-shop

만다린 오리엔탈 호텔 안에 있는 베이커리 카페로 다양한 종류의 빵과 케이크를
판매한다. 매장 입구에는 초콜릿과 선물용으로 인기인 이곳의 명물 장미 잼을 판
매하는 부스가 마련되어 있다. 중앙의 테이블에서 빵과 음료를 주문해 먹을 수 있
다. 점심에는 근처 직장인을 겨냥한 샌드위치를 판매한다. 촉촉한 크루아상과 스
톤이 인기 메뉴고, 겨울철에는 초콜릿으로 만든 스푼이 곁들여진 핫초코도 인기
다. 랜드마크와 프린스 빌딩과도 연결되어 쇼핑 후에 휴식을 취하기 좋다.

FOXGLOVE 폭스글로브

2015년 센트럴에 오픈한 영국식 라운지 바로, 영화 킹스맨이 떠오르는 비밀스러운 공간이다. 세련된 인테리어와 음악, 술을 즐길 수 있는 홍콩의 가장 스타일리시한 바로 아름답게 조각된 손잡이의 우산이 진열된 좁은 복도를 지나면 일등석 비행기, 빈티지 카, 열차의 객실을 테마로 꾸민 바를 만날 수 있다. 화요일부터 토요일 저녁 10시부터는 라이브 재즈 공연도 즐길 수 있고, 최근에는 점심에도 식사를 즐길 수 있는 메뉴가 추가됐다.

입구가 두 곳인데 더델 스트리트 입구로 들어오려면 건물 엘리베이터를 타고 2층에 내리면 되고, 아이스 하우스 스트리트 입구는 지상에서 바로 들어올 수 있다.

Type. Bar **Address.** GF 18 Ice House St. / 2F Printing House, 6 Duddell St, Central **Tel.** 852-2116-8949 **Open.** 월-목요일 12:00-15:00, 17:00-13:00, 금-토요일 12:00-15:30, 17:00-15:00, 일요일 휴무 www.foxglovehk.com

IRON FAIRIES&CO
아이언 페어리즈

독특한 인테리어와 콘셉트로 홍콩에서 가장 주목받는 바. 유명 인테리어 디자이너 애슐리 서튼Ashley Sutton이 디렉팅한 매장으로, 그가 홍콩에서 디자인한 제이 보로스키J. Boroski, 오필리아Ophelia에 이은 세 번째 콘셉트 바이다. 출입문에 들어서는 순간 비현실적인 공간과 마주하게 된다. 천장의 와이어 끝에 매달려 춤을 추는 만 마리가 넘는 박제된 나비들, 벽과 천장에 가득 걸린 철을 연마하는 연장들, 대형 철 용광로 모양의 개별 룸, 커다란 무쇠 원형 테이블과 철로 만든 요정 피규어 등 환상적인 요소들로 현실 세계에서 멀리 벗어난 느낌이 든다. 식사를 하고 싶다면 오픈 시간에 맞춰 가는 것이 좋다. 늦은 시각에는 라이브 연주와 함께 흥겨운 분위기가 연출된다.

Type. Bar **Address.** LG/F, Chinachem Hollywood Centre, 1 Hollywood Rd., Central **Location.** 1 Hollywood Rd.의 Chinachem 빌딩에서 돌계단이 있는 Pottinger St.로 내려오면 왼쪽 빌딩 코너 **Tel.** 852-2603-6992 **Open.** 월-목요일 18:00-14:00, 금-토요일 17:00-15:00, 일요일 17:00-14:00 **www.**diningconcepts.com/restaurants/Iron-Fairies

J. BOROSKI 제이 보로스키

아이언 페어리즈 입구에서 더 안 쪽에 있는 빌딩 뒷골목으로 들어서면 왼쪽에 간
판 없는 문이 보이는데, 이곳이 바로 히든 바 제이 보로스키의 입구이다.
오픈 초기에는 예약제로만 운영되었으나 지금은 예약 없이 방문이 가능하다. 제
이 보로스키는 유명 칵테일 제조사 조셉 보로스키Joseph Boroski의 이름을 딴 칵
테일 전문 바로, 원하는 종류의 술과 맛, 과일 등의 재료 등을 주문 시에 전달하면
바텐더가 손님의 취향에 맞는 특별한 칵테일을 제조해 준다. 커브가 있는 천장에
박제된 곤충들로 장식한 인테리어 또한 눈에 띄는데, 아이언 페어리Iron Fairies와
완차이의 오필리아Ophelia를 디자인한 애슐리 서튼이 디자인을 맡았다.

Type. Bar **Address**. 1 Hollywood Rd., Central **Location**. 1 Hollywood Rd.에서
Pottinger St. 돌계단으로 내려가 첫 번째 좌측 골목 Ezra's Lane. **Tel**. 852−2603−6020
Open. 18:00−15:00, 일요일 휴무 **www**.diningconcepts.com/restaurants/JBoroski

Sheung Wan

Best Shops

petit bazaar 쁘티 바자
HOMELESS 홈리스
woaw 와우
VISIONAIRE 비전에어

PMQ 피엠큐
KLONDIKE 클론다이크
CHATEAU ZOOVEETLE 샤토 주비틀
InBetween 인비트윈

Best Restaurants

BiBo 비보
SOHOFAMA 소호파마
Little Bao 리틀 바오
Mrs. Pound 미세스 파운드
chachawan 차차완
208 DUECENTO OTTO
208 두에첸토 오또
Oolaa 울라
yardbird 야드버드
ABERDEEN STREET SOCIal
애버딘 스트리트 소셜

agnès b. café l.p.g 아네스 베 카페
Classified 클래시파이드
COMMON GROUND
커먼 그라운드
Lof 10 로프 10
CAFÉ DEADEND
카페 데드앤드
teakha 티카
OLDISH 올디시

동서양 분위기가 어우러진 도시

센트럴에서 할리우드 로드를 따라 서쪽으로 걷다 보면 한적한 분위기의 성완 지역에 들어선다. 성완은 시내 중심인 센트럴에 인접해 있지만, 아직도 옛 홍콩의 분위기를 간직하고 있다. 골동품 가게, 도장 파는 곳, 건어물 가게, 목공소 등이 띄엄띄엄 옛 모습 그대로 남아 있고, 그 사이사이로 최근 개발된 세련된 레스토랑과 노천카페, 작은 상점들이 불규칙하게 들어서 있어 옛것과 새것, 동양과 서양이 어우러진 독특한 분위기를 자아낸다.

임대료가 비싼 센트럴 중심 지역에서 벗어나 언덕 지대에는 개성 있는 잡화점과 최신 트렌드를 반영한 패션 매장들이 자리 잡고 있어 홍콩 패션 피플을 불러 모은다. 할리우드 로드에 늘어선 골동품 가게와 가파른 언덕 위의 돌계단을 오르면 만날 수 있는 우거진 나무 아래 작은 카페 등 우리가 아는 화려한 홍콩과는 또 다른 모습의 홍콩을 만날 수 있는 곳이 성완이다.

Sheung Wan Shopping Map

성완은 센트럴과 연결되는 지역으로, 센트럴부터 이어지는 미드 레벨 에스컬레이터를 타고 할리우드 로드에서 내려 만모 사원, 피엠큐 건물 방면으로 걸어가거나 택시를 타고 피엠큐에서 내려 이동하면 좋다. 할리우드 로드를 기준으로 언덕 아래 고프 스트리트를 보고, 다시 할리우드 로드로 올라와 앤티크 거리, 만모 사원, 어퍼 라스카 로 (캣 스트리트), 타이핑샨 스트리트 순서로 보면 좋다. 많이 걷는 코스이니 편한 신발을 신는 것이 좋다.

1. **Gough St.** 고프 스트리트
2. **Hollywood Rd.** 할리우드 로드
3. **Upper Lascar Row** 어퍼 라스카 로
4. **Tai Ping Shan St.** 타이핑샨 스트리트
5. **Tung St.** 텅 스트리트
6. **Sai St.** 사이 스트리트

Section

성완은 센트럴과 성완을 아우르는 할리우드 로드Hollywood Rd.를 중심으로 남쪽 언덕 위의 소호South of Hollywood Rd.와 북쪽 언덕 아래의 노호North of Hollywood Rd.로 크게 쇼핑 지역이 나뉜다.

Brands

최근에는 소호보다 더 언덕 위의 조용한 포힝퐁 스트리트Po Hing Fong St.와 타이핑샨 스트리트Tai Ping Shan St. 주변에 새롭게 카페와 갤러리, 작은 디자이너 숍들이 생겨나 포호Poho라는 지역으로 불리며 상권이 확장되고 있다.

Who

성완은 할리우드 로드 주변의 골동품 가게, 소호와 노호 지역에 최근 문을 연 개성 있고 캐주얼 한 디자인의 의류 매장, 인테리어 잡화 매장 등 홍콩만의 특색이 묻어나는 소소한 쇼핑의 재미를 즐길 수 있는 지역 으로 지금 홍콩의 젊은 세대 사이에서 가장 핫한 곳이다.

Price

성완 지역은 개성 있는 영캐주얼 의류 매장과 생활 잡화, 빈티지 숍이 주로 있는 지역이라 다른 지역보다 적은 예산으로 실속 있는 쇼핑이 가 능하다.

SALE
MADURA
九記牛腩

Gough St.
Shopping Map

고프 스트리트 歌賦街

센트럴 중심부를 벗어나 성완 초입에 자리한 작은 골목 고프 스트리트는 작고 아기자기한 인테리어 소품 매장을 중심으로 프렌치 감성의 키즈 스토어, 분위기 있는 카페, 오래된 로컬 국숫집 등이 자리한 조용하고 멋스러운 거리이다.

고프 스트리트는 워낙 길이 짧아서 매장은 별로 없지만 한 번 들어가면 오랜 시간을 머무를 수밖에 없는, 특별하고 재미있는 물건들을 찾는 재미가 있는 거리이다.

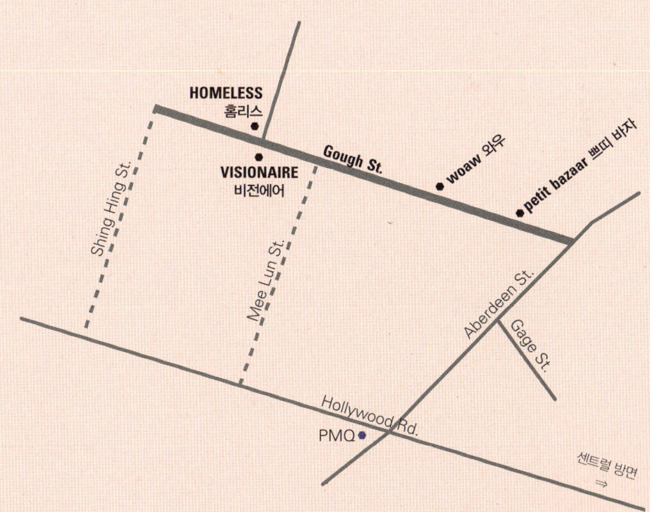

petit bazaar 쁘티 바자

북유럽 아동 의류와 인테리어 용품을 판매하는 전문 매장. 보보 쇼즈BOBO CHOSES, 탤크Talc, 루이스 미샤Louise Misha, 에밀 에 이다emile et ida, 누메로 74n° 74의 아동복과 프랑스산 침구, 키즈 룸 데코 용품, 인형, 장난감 등 센스 있는 키즈 용품을 한 곳에서 쇼핑할 수 있다. 선물 포장이 예뻐 선물을 고르기에도 좋은 매장이다.

Address. 9 Gough St., Central **Location.** MTR Sheung Wan 역 A2 출구에서 도보 20분 **Tel.** 852–2544–2255 **Open.** 월–수요일 10:30–20:00, 목–토요일 20:30, 일 · 공휴일 11:30–19:30 **www.**petit–bazaar.com

HOMELESS 홈리스

홍콩 1세대 라이프 스타일 편집숍으로 전 세계에서 셀렉트한 재미있고 기발한 콘셉트의 디자이너 소품이 매장 안에 가득하다. 최근 매장 리뉴얼을 끝낸 고프 스트리트 지점은 'Nordic Room'이라는 콘셉트로 스칸디나비아 디자인 가구와 소품을 중심으로 판매한다. 귀여운 캐릭터 모양의 조명부터 주방, 문구용품, 장난감 등이 많아 구경하는 재미도 있고, 선물용으로도 좋은 제품을 찾을 수 있는 인기 매장이다.

Address. 29 Gough St., Central **Location.** MTR Sheung Wan 역 A2 출구에서 도보 20분 **Tel.** 852–2581–1880 **Open.** 월–토요일 11:30- 21:30, 일요일 11:30- 18:30 **www**.homeless.hk

woaw 와우

고프 스트리트에 문을 연 화제의 라이프 스타일 편집숍. 개성 있는 디자인의 최신 스피커, 이어폰 등을 비롯, 휴대폰 케이스, 손목시계, 운동화, 양말, 선글라스 등의 패션 액세서리와 인테리어 장식품을 판매한다. 매장 안쪽에는 엘리펀트 그라운드ELEPHANT GROUNDS라는 카페도 있다.

Address. 11 Gough St., Central **Location.** MTR Sheung Wan 역 A2 출구에서 도보 20분 **Tel.** 852–2253–1313 **Open.** 월–토요일 11:00–21:00, 일요일 12:00–19:00 **www.woawstore.com**

VISIONAIRE 비전에어

독특한 프린트의 앞치마와 선물용으로 좋은 패브릭 가방, 알파벳 이니셜을 프린트한 작은 파우치를 비롯해, 이탈리아산 디퓨저 닥터 브란제스Dr. Vranjes와 향초, 장식품 등의 인테리어 잡화를 취급한다.

Address. 26 Gough St., Central Location. MTR Sheung Wan 역 A2 출구에서 도보 20분
Tel. 852–2540–6868 Open. 월–금요일 11:30– 20:30, 토요일 11:30–21:00, 일요일 12:00–18:30 www.visionaire.hk

Hollywood Rd. Shopping Map

할리우드 로드 荷李活道

센트럴 소호 지역 연장 선상에 있는 할리우드 로드는 성완 관광의 중심이 되는 도로로, 오래된 골동품 매장과 새로 생긴 카페와 갤러리가 늘어서 있는 조용한 거리이다. 그러나 할리우드 로드의 골동품 매장에서 판매하는 제품 가격은 비싼 편이라, 관광객이 발을 들이기 쉽지 않은 분위기이다. 작은 기념품이 될만한 중국풍 골동품을 찾는다면 근처 어퍼 라스카 로Upper Lascar Row 를 추천한다.

할리우드 로드는 지대가 높은 곳에 있으므로 택시를 이용하거나 센트럴과 미드 레벨을 잇는 에스컬레이터를 이용해 할리우드 로드 방면에서 내려 걷는 것이 좋다.

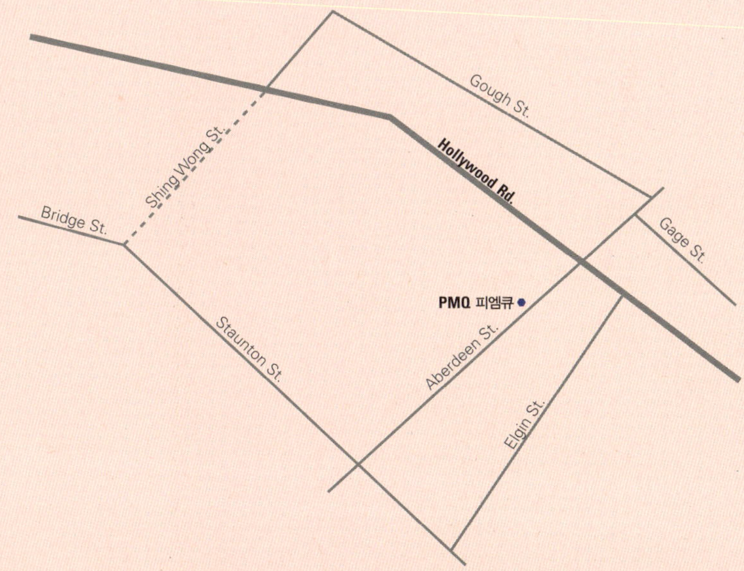

PMQ 피엠큐

센트럴의 소호와 성완의 경계에 있는 PMQ는 'Police Married Quarters'의 약자로 1951년부터 기혼 경찰의 숙소로 사용되던 곳인데, 2014년 젊은 디자이너들에게 작업실을 마련할 수 있는 기회를 제공하는 공간으로 탈바꿈하며 역사적인 문화 예술 시설이자 핫 플레이스로 꼽힌다.

PMQ 안에는 홍콩 신진 디자이너들의 소규모 작업실, 매장, 잡화점, 레스토랑 등 100여 개가 넘는 매장이 들어서 있다. 중앙 광장을 기준으로 A 블록, B 블록 두 동으로 나누어져 있고, 두 건물은 4층의 큐브Qube라는 옥상 정원으로 연결되어 있다. 홍콩 인테리어 잡화 매장인 지오디G.O.D.를 비롯해 다양한 액세서리, 생활 잡화 매장이 들어서 있고, 소호 파마Soho Fama, 애버딘 스트리트 소셜ABERDEEN STREET SOCIal 등 인기 레스토랑과 카페가 있는 독특한 공간이다.

Address. 35 Aberdeen St., Central **Location.** MTR Sheung Wan 역 E1 출구에서 도보 20분 **Tel.** 852–2870–2335 **Open.** 7:00–23:00 **www.pmq.org.hk**

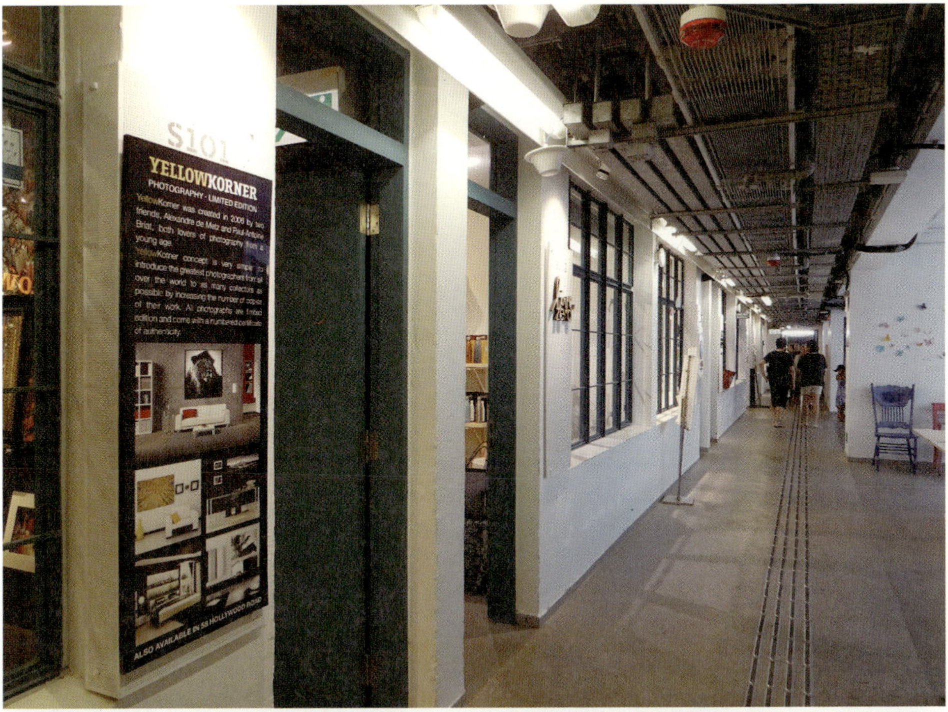
S101
YELLOWKORNER
PHOTOGRAPHY · LIMITED EDITION
YellowKorner was created in 2006 by two friends, Alexandre de Metz and Paul-Antoine Briat, both lovers of photography from a young age.
YellowKorner concept is very simple: to introduce the greatest photographers from all over the world to as many collectors as possible by increasing the number of copies of their work. All photographs are limited edition and come with a numbered certificate of authenticity.
ALSO AVAILABLE IN 58 HOLLYWOOD ROAD

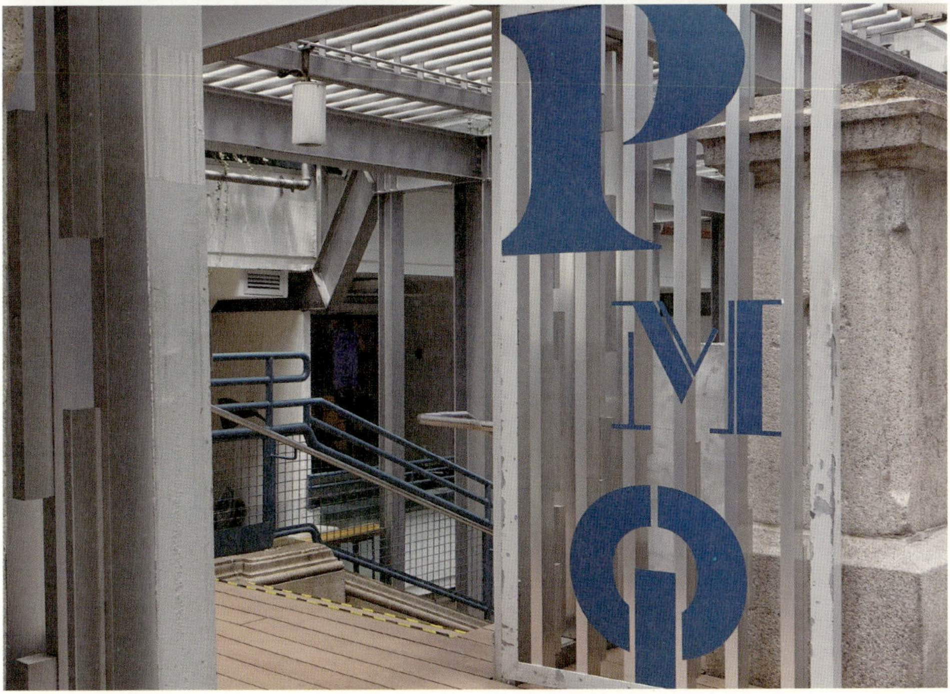
PMQ

In PMQ
피엠큐 내 주요 매장

HKTDC
홍콩 디자인 갤러리

홍콩 무역 발전국Hong Kong Trade Development Council에서 운영하는 디자인 갤러리. 홍콩 디자이너의 각종 디자인 상품을 소개하고 판매한다. 장난감, 문구류, 아동 용품, 패션 잡화 등 홍콩의 특색이 드러나는 디자인 제품들이 모여 있어 여행객들에게 인기가 많다.

Location. HOLLYWOOD GF, HG07–HG09 **Open.** 11:00–20:00

kapok
카폭

프랑스에서 나고 자란 사업가가 2006년에 홍콩에 오픈한 라이프 스타일 편집숍. 오픈 당시에는 프렌치 브랜드를 중심으로 패션, 디자인 상품들을 소개했으나 최근에는 다양한 홍콩 로컬 디자이너들의 상품도 선별해 취급하고 있어 제품군이 더욱 다양해졌다. 다른 곳에서 보기 어려운 독특한 디자인과 프린트의 티셔츠, 가방, 선글라스를 비롯해 식기와 조명, 문구, 서적을 만날 수 있다.

Location. HOLLYWOOD GF, HG10–HG12 **Open.** 11:00–20:00

G.O.D
지오디

'GOODS OF DESIRE'의 줄임말로 홍콩, 중국풍 디자인의 다양한 인테리어 잡
화를 선보이는 홍콩 브랜드이다. 잠옷, 식기, 의류 등에 중국풍 패턴을 입혀 동양
적이고 강렬한 인상을 주는 제품들은 관광객들에게 특히 인기가 많다. 홍콩 지명,
간판 등을 프린트한 머그컵, 컵 받침, 식탁 매트 등은 홍콩 기념품이나 선물용으
로 좋다.

Location. STAUNTON GF, SG09 - SG11 **Open.** 11:00 - 21:00

WAKA ARTISANS
와카

일본인 주인장이 직접 선별한 일본 각지에서 활동하는 도예가들의 도자 작품을 전시, 판매한다. 매장 안의 상품들은 디자이너별로 진열되어 있는데 디자이너의 특색을 한눈에 보기 좋아 취향에 맞는 상품을 고르기 쉽다. 섬세하고 아름다운 컬러의 그릇들과 다구, 사케용 잔과 주전자, 꽃병 등 하나하나 작품성이 뛰어난 도자 제품을 만날 수 있는 추천 매장이다.

Location. STAUNTON 3F, S303 **Open.** 12:00- 19:00

GLUE ASSOCIATES

글루 어소시에이트

홍콩에서 활동하는 젊은 디자이너의 그래픽, 상품, 인테리어 작품을 전시·판매한다. 딤섬 모양의 초와 소금, 후추통, 동물 모양의 초와 이쑤시개통 같은 참신한 아이디어가 돋보이는 인테리어 소품과 패션 아이템을 구입할 수 있는 매장이다.

Location. STAUNTON 4F, S402 **Open.** 12:30–20:00

SOIL 쏘일

홍콩, 중국의 장인들이 수작업한 공예품을 소개 · 판매하는 매장. 자연 소재들로
장인들의 손을 거쳐 만든 중국 찻잔과 주전자, 향과 향로, 식탁 매트 등 값진 생활
도구들을 볼 수 있다.

Location. STAUNTON 3F, S307 **Open.** 12:00– 19:00

GROWTHRING & SUPPLY
53 OLDISH 53

Tai Ping Shan St., Tung St., Sai St. Shopping Map

타이 핑 샨 스트리트太平山街, **텅 스트리트**東街, **사이 스트리트**西街

할리우드 로드의 만모 사원Man Mo Temple과 어퍼 라스카 로를 지나 다시 할리우드 로드로 올라와 언덕 방향으로 길을 건너면 예술적인 텅 스트리트Tung St., 사이 스트리트Sai St. 골목과 만나게 된다. 그 골목을 더 오르면 타이핑샨 스트리트Tai Ping Shan St., 포힝퐁 스트리트Po Hing Fong St.와 맞닿는데 최근 이 일대에 새롭게 상권이 형성되어 센트럴의 소호, 노호 지역의 뒤를 잇는 포호POHO 지역이란 이름으로 주목받고 있다.

기존의 오래된 낮은 건물에 카페와 아트 갤러리, 로컬 디자이너의 작은 상점들이 최근 속속 모여들어 홍콩 젊은이들의 주말 나들이 장소로 인기를 모으고 있다. 센트럴의 복잡한 곳에서 벗어나 조용하고 한적한 동네 분위기를 느끼고 싶다면 꼭 들러 봐야 하는 특색 있는 골목이다.

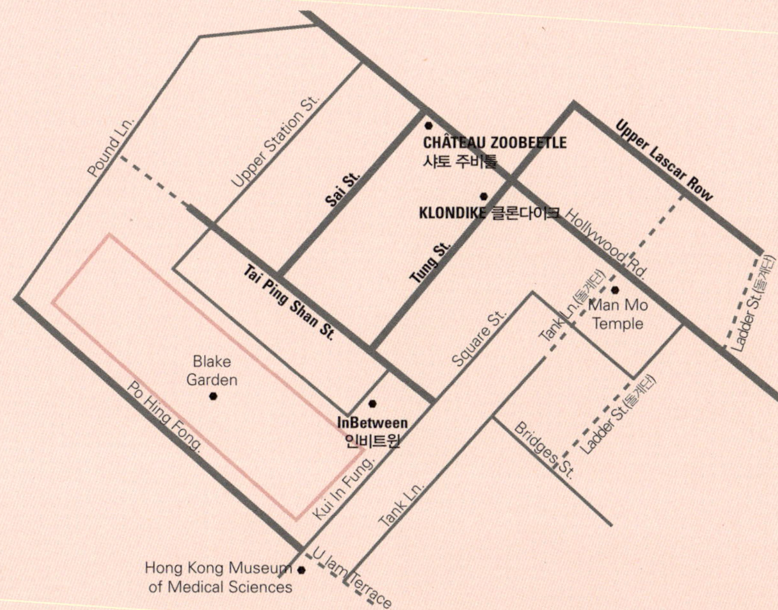

KLONDIKE
클론다이크

텅 스트리트Tung St. 초입에 들어선 라이프 스타일 편집숍. 인테리어 장식품부터 디자이너 문구 용품, 서적, 뷰티 제품, 스타일리시한 청소 도구까지 일상생활에 관련된 생활용품을 폭넓게 갖추고 있다. 또한, 유럽의E 벼룩시장에서 모아 들여온 하나뿐인 빈티지 화병, 촛대, 유리와 은으로 된 장식품들이 군데군데 섞여 있어 다른 곳에서 찾지 못하는, 보물 같은 물건을 발견할 수 있는 곳이다.

Address. 39 Tung St., Sheung Wan **Location.** MTR Sheung Wan 역 A2 출구에서 도보 20분 **Tel.** 852–3956–4556 **Open.** 12:00–19:00, 월요일 휴무 **www.the–klondike.com**

CHATEAU ZOOVEETLE

샤토 주비틀

프랑스인 자매가 운영하는 편집숍. 주로 유럽 디자이너 브랜드 의류와 가죽 제품,
액세서리 등을 엄선해 들여온다. 1층 입구에는 작은 카운터 바가 있어 와인도 즐
길 수 있는 프렌치 감성의 세련된 매장이다.

Address. 38 Sai St., Sheung Wan **Location.** MTR Sheung Wan 역 A2출구에서 도보 20
분 **Tel.** 852-2559-8555 **Open.** 화-금요일 12:00-22:00, 토요일 11:00-12:00, 일요일 11:00
-18:00, 월요일 휴무 **www**.chateauzoobeetle.com

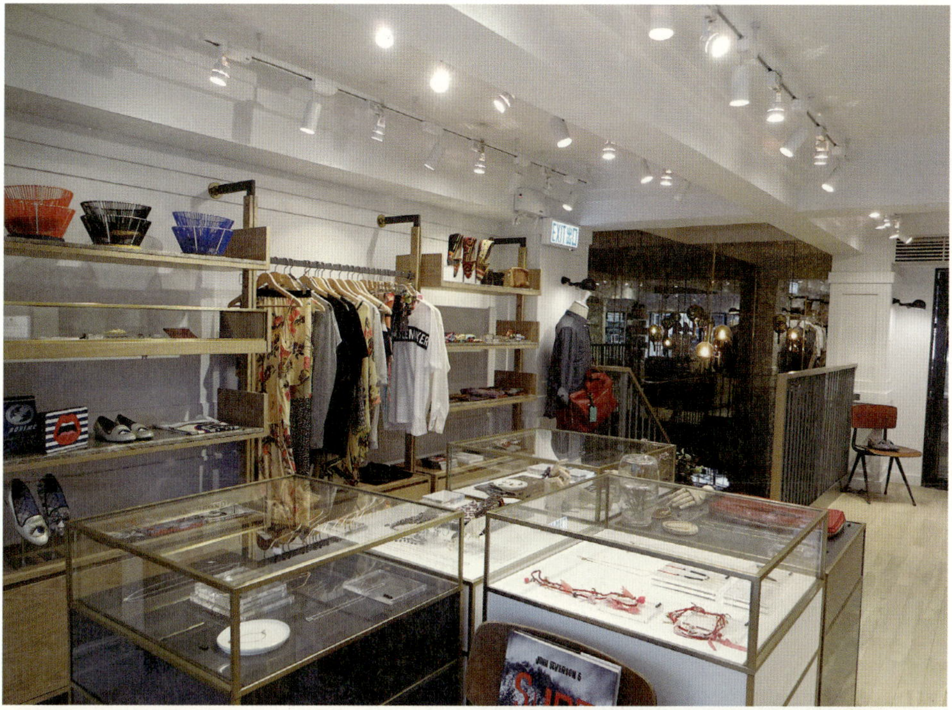

LIVE
FAST
JOCONDE

CHATEAU
ZOOBEETLE
38

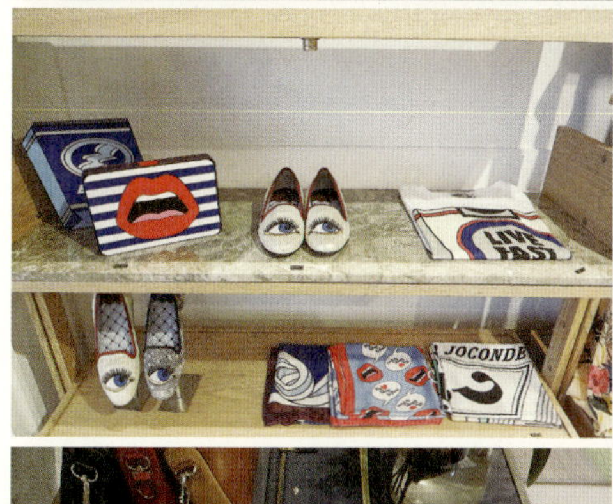

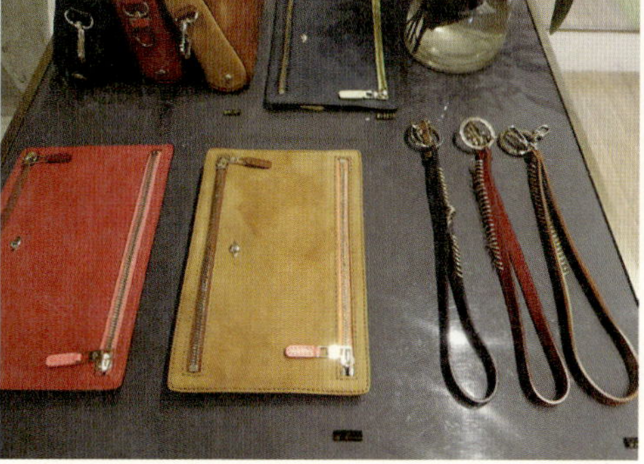

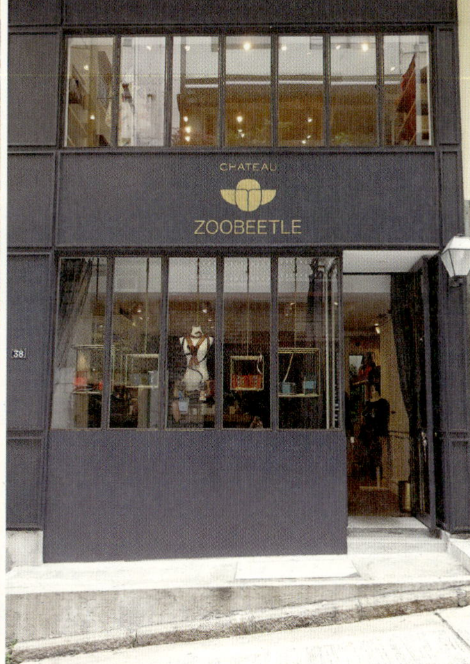

InBetween 인비트윈

타이핑샨 스트리트에서 가장 시선을 끄는 골목에 있는 빈티지 숍. 작은 매장 안에
추억을 불러일으키는 LP 레코드와 오래된 영화 포스터, 빈티지 액세서리와 시계,
작은 인테리어 소품이 가득하다.

Address. 6B Tai Ping Shan St, Sheung Wan **Location.** MTR Sheung Wan 역 A2 출구에
서 도보 25분 **Tel.** 852–6097–1817 **Open.** 12:00–19:00 **www**.inbetweenshop.com

InBetween

Sheung Wan
Restaurants&Cafe Map

성완 레스토랑&카페

센트럴과 이어지는 성완의 레스토랑들은 센트럴 중심 지역보다 지대가 높은 곳에 위치해 접근성은 떨어지지만, 좀 더 조용하고 개성 있는 새롭고 핫한 레스토랑들이 많다. 유행에 민감한 젊은 쇼핑객과 아티스트들이 많이 찾는 지역으로 레스토랑의 예산도 센트럴보다는 낮게 잡아도 되고, 정통 레스토랑보다는 캐주얼한 분위기의 카페가 많다. 센트럴과 성완을 이어 관광한다면 센트럴 지역 레스토랑에서 식사를 하고 성완 지역의 카페에서 디저트와 커피를 즐기는 것도 좋다.

BiBo 비보

캐주얼한 레스토랑이 대부분인 성완 지역에 문을 연 정통 프렌치 레스토랑. 할리우드 로드 만모 사원을 지나 길을 건너면 푸른 타일에 금색 문이 눈에 띄는 곳이다. 건물 어디에도 간판이 걸려 있지 않아 찾기 어려운 레스토랑으로도 유명하다. 금색 문 오른편에 보이는 긴 손잡이 부분 위쪽의 둥근 버튼을 누르면 자동문이 열리고 레스토랑 지하로 내려가는 입구가 나타난다. 입구부터 커다란 바스키아Basquiat의 작품이 있고 아래층의 레스토랑 벽 곳곳에 무라카미 다카시Murakami Takashi, 카우스Kaws 등 세계 유명 작가들의 그림과 설치 작품들로 가득해 아트 갤러리를 방불케 한다.

현대 미술 애호가라면 꼭 방문해 봐야 하는 비보의 아트 컬렉션은 이곳의 음식보다 화제가 되기도 하는데, 메뉴 하나하나도 눈을 황홀하게 하는 아름다운 플레이팅으로 예술적이다. 저녁 시간보다는 점심시간에 방문하는 것이 경제적이다. 점심 세트 메뉴는 2코스에 280HK$, 3코스에 380HK$에 제공되고, 저녁은 1,100HK$에 서비스료 10%가 추가된다.

Type. French Cuisine **Address Address.** 163 Hollywood Rd., Sheung Wan **Location.** MTR Sheung Wan 역 A2 출구에서 도보 20분 **Tel.** 852–2956–3188 **Open.** 런치 12:00–15:30(월–금요일), 11:30–15:30(토 · 일요일) / 디너 17:00–1:00 **www.bibo.hk**

SOHOFAMA
소호파마

홍콩 라이프 스타일 브랜드 지오디G.O.D와 홍콩 오가닉 레스토랑 로코파마Locofama가 콜라보레이션해 만든 모던 차이니스 레스토랑. 소호파마의 음식은 오가닉 재료로 만들며 MSG를 첨가하지 않아 안심하고 먹을 수 있다. 갖가지 종류의 딤섬과 중국식 볶음밥과 볶음면 등 우리에게 친숙한 메뉴가 많다. 피엠큐PMQ 안의 지오디GOD 매장과 연결되어 있다.

Type. Chinese Cuisine **Address.** PMQ STAUNTON GF, 35 Aberdeen St, Central
Location. MTR Sheung Wan 역 A2 출구에서 도보 30분 **Tel.** 852–2858–8238 **Open.**
12:00–23:00 **www**.sohofama.com

Little Bao 리틀 바오

차이니스 버거 전문점으로 햄버거 메뉴를 중국식으로 풀어낸 참신한 콘셉트로
큰 인기를 끌고 있는 작은 레스토랑이다. 햄버거 빵 대신 중국식 찐빵에 바비큐
소스에 졸인 삼겹살, 생선 튀김 등을 넣어 만들어 독특한 맛과 부드럽고 쫄깃한
식감을 즐길 수 있다. 인기 메뉴는 포크 벨리 바오Pork belly Bao와 피시 템푸라 바
오Fish Tempura Bao로 가격은 88HK$. 아이스크림 디저트도 추천 메뉴이다.

Type. Modern Chinese Cuisine **Address.** 66 Staunton St. Central
Location. MTR Sheung Wan 역 A2출구에서 도보30분 **Tel.** 852–2194–0202
Open. 월–금요일 18:00–23:00 / 토 · 일 · 공휴일 12:00–16:00, 18:00–22:00
www.little-bao.com

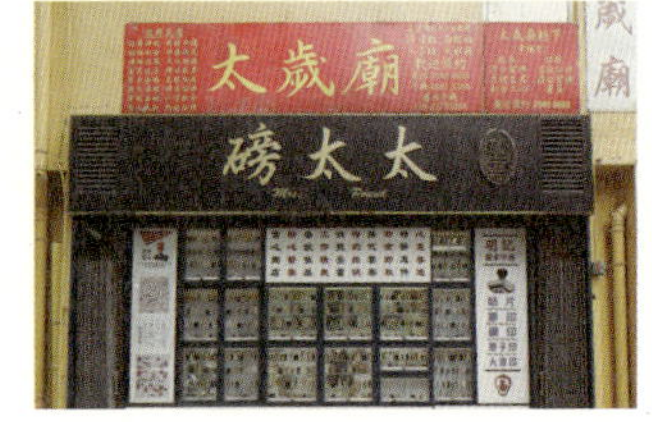

Mrs. Pound

미세스 파운드

도장 가게 같은 독특한 외관의 숨은 레스토랑. 도장으로 진열한 유리창 안쪽의 출입문 버튼(나무 도장 윗 부분)을 누르면을 한 쪽 벽면이 옆으로 열리며 레스토랑의 비밀스러운 공간이 나타난다. 메뉴는 아시아의 길거리 음식들로 꼬치와 볶음밥, 카레 등 작은 사이즈의 캐주얼한 요리들로 간단한 식사가 가능하다. 대표 메뉴는 돼지고기를 넣은 차슈바오. 파운드 레인Pound Ln. 거리 오른쪽에 있다.

Type. Chinese Cuisine·Bar　**Address.** 6 Pound Lane, Sheung Wan　**Location.** MTR Sheung Wan 역 A2 출구에서 도보 25분　**Tel.** 852–3426–3949　**Open.** 런치 12:00–14:30, 디너 17:00–24:00, 토 · 일요일 12:00–24:00　www.mrspound.com

chachawan 차차완

성완의 인기 타이 레스토랑. 동양적인 인테리어와 태국 요리 특유의 새콤, 달콤,
매콤한 소스를 곁들인 샐러드, 고기, 해산물 등 입맛을 돋우는 메뉴들로 사랑받는
곳이다.

Type. Thai Cuisine **Address.** 206 Hollywood Rd., Sheung Wan **Location.** MTR
Sheung Wan 역 A2 출구에서 도보 25분 **Tel.** 852–2549–0020 **Open.** 런치 12:00–15:00, 디
너 17:30–24:00

208 DUECENTO OTTO

208 두에첸토 오또

오픈 테라스로 눈길을 끄는 성완 끝자락에 위치한 이탈리안 레스토랑. 날씨 좋은 날 1층 창가에 앉아, 오고 가는 사람들을 구경하며 가볍게 식사와 음료를 즐기기 좋다.

Type. Italian Cuisine **Address.** 208 Hollywood Rd., Sheung Wan **Location.** MTR Sheung Wan 역 A2 출구에서 도보 25분 **Tel.** 852–2549–0208 **Open.** 12:00–24:00
www.208.com.hk

Oolaa 울라

다양한 브런치 메뉴와 피자, 파스타, 스테이크 등의 식사 메뉴와 음료를 밝고 편안한 분위기에서 즐길 수 있는 카페 · 바 · 레스토랑이다. 브레이크 타임 없이 아침 일찍부터 늦은 밤까지 운영하여 언제 가도 좋다.

Type. Italian Cuisine · Brunch **Address.** Bridges St., Centre Stage, Sheung Wan
Location. MTR Sheung Wan 역 A2 출구에서 도보 30분 **Tel.** 852–2803–2083 **Open.**
7:00–24:00 **www**.casteloconcepts.com/our–venues/oolaa/our–venues/oolaa

yardbird 야드버드

Type. Japanese Cuisine **Address.** 154–158 Wing Lok St., Sheung Wan **Location.** MTR Sheung Wan 역 A2 출구에서 도보 25분 **Tel.** 852–2547–9273 **Open.** 18:00–24:00, 일요일 휴무 **www.**yardbirdrestaurant.com

성완에서 가장 인기 있는 일본 이자카야 스타일의 야키토리Yakitori(꼬치 구이) 전문점. 예약을 받지 않아 저녁 시간에는 늘 긴 줄이 늘어선다. 시원한 맥주와 즐기는 다양한 종류의 닭꼬치구이, 옥수수튀김sweet Corn Tempura은 긴 대기 시간이 억울하지 않을 만큼 맛있다. 야키토리 메뉴 중 가장 맛있는 날개Wings, 굴Oyster, 넓적다리Thigh, 꼬리Tail, 립Rib을 추천한다. 홍콩 대부분의 레스토랑은 정해진 10%의 서비스료가 추가되는데, 이곳은 서비스에 따라 손님이 계산 시에 팁을 정해서 주는 시스템이다. 계산할 때 팁을 추가로 주면 되는데, 일반적으로 식사비의 10% 정도이다.

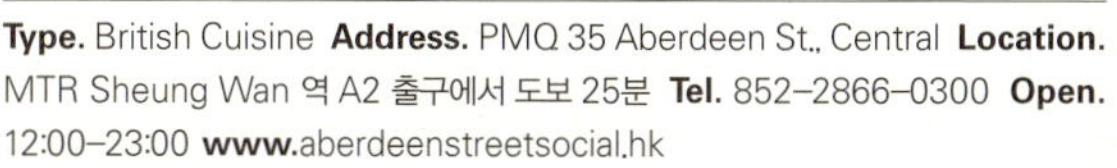

ABERDEEN STREET SOCIaL

애버딘 스트리트 소셜

피엠큐PMQ의 가든 테라스에 자리한 카페&레스토랑으로, 영국의 미슐랭 스타 셰프 제이슨 애서튼이 Jason Atherton 모던 브리티시 요리를 제공한다. 1층은 카페와 바, 2층은 레스토랑으로 운영된다. 잔디밭을 보며 커피와 디저트, 칵테일, 맥주, 햄버거와 피시 앤 칩스 등을 즐기기에 좋은 분위기 있는 곳이다.

Type. British Cuisine **Address.** PMQ 35 Aberdeen St., Central **Location.** MTR Sheung Wan 역 A2 출구에서 도보 25분 **Tel.** 852–2866–0300 **Open.** 12:00–23:00 **www.aberdeenstreetsocial.hk**

agnès b. café l.p.g
아네스 베 카페

분위기 있는 성완의 고프 스트리트 골목을 오랫동안 지키고 있는 대표 카페. 한 편에는 아네스 베agnès b.의 플라워 숍이 있어 아름다운 꽃을 보며 차를 마실 수 있어 좋다. 커피와 마리아쥬 프레르Mariage Frères의 차와 케이크를 판매한다.

Type. Cafe **Address.** Chung Shan House, 8 & 10 Gough St., Central **Location.** MTR Sheung Wan 역 A2 출구에서 도보 15분 **Tel.** 852-2563-9393 **Open.** 월-금요일 11:00-21:00, 토 · 일 · 공휴일 9:00-21:00 **www.**agnesb-lepaingrille.com

Classified 클래시파이드

서양 사람들로 늘 붐비는 할리우드 로드의 중심에 있는 인기 오픈 카페. 각종 샐러드와 파스타, 샌드위치를 비롯, 합리적인 가격의 와인과 치즈를 즐기기에 좋다.

Type. Cafe **Address.** 108 Hollywood Rd., Sheung Wan **Location.** MTR Sheung Wan 역 A2 출구에서 도보 25분 **Tel.** 852-2525-3454 **Open.** 8:00-24:00 **www.** classifiedfood.com

COMMON GROUND

커먼 그라운드

PMQ 건물 뒷길 스톤튼 스트리트Staunton St.와 레스토랑 울라Oolaa 건너편 싱웡
스트리트Shing Wong St. 돌계단 위에 자리한 히든 플레이스. 계단을 활용한 나무
벤치에 앉아 커피를 마시며 이야기를 나누기에 좋다. 카페 한편에는 디자이너 소
품을 판매하는 코너도 있다. 센트럴 구경을 끝내고 성완 지구에 들어서며 숨을 고
르고 가기에 좋은 곳이다.

Type. Cafe   **Address.** 19 Shing Wong St., Central   **Location.** MTR Sheung Wan 역 A2
출구에서 도보15분 **Tel.** 852–2818–8318 **Open.** 11:00–19:00

Lof 10 로프 10

성완의 포호 지역, 조용한 언덕길에 위치한 곳으로 만모 사원 뒷골목 스퀘어 스트리트Square St.를 따라 내려가다 돌계단을 오르면 만날 수 있는 미니멀 인테리어의 오픈 카페이다. 골목 안쪽 후미진 곳에 자리 잡고 있어 조용하고 평화롭다.

오픈 테이블에 앉아 커피 한잔하며 사색의 시간을 가지기에 좋은 곳이다. 언덕 위에는 1906년에 지어진 홍콩 의학 박물관 건물이 있고, 박물관 옆 돌계단을 내려가면 포힝퐁 스트리트Po Hing Fong St.와 만나게 된다.

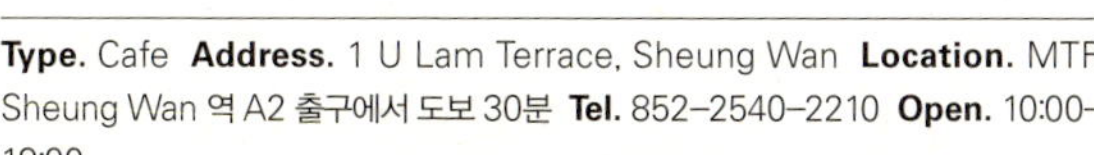

Type. Cafe **Address.** 1 U Lam Terrace, Sheung Wan **Location.** MTR Sheung Wan 역 A2 출구에서 도보 30분 **Tel.** 852–2540–2210 **Open.** 10:00–19:00

CAFÉ DEADEND
카페 데드앤드

타이핑샨 스트리트Tai Ping Shan St. 골목 끝에서 알록달록한 학교 건물과 공원 사이의 가파른 언덕을 오르면 나무가 우거진 포힝퐁 스트리트Po Hing Fong St.와 만나게 된다. 그 골목 코너, 눈에 띄게 새하얀 건물에 자리 잡은 베이커리 포즈 아틀리에Po's Atelier와 카페 데드앤드.
포즈 아틀리에에서 화학 첨가물과 방부제를 쓰지 않고 만든 갓 구운 빵으로 만든 샌드위치와 케이크를 맛볼 수 있다. 날씨가 따뜻하면 창을 모두 열어 오픈 카페로 영업하는데, 하얀 담벼락에 흐드러지는 꽃나무 가지가 낭만적인 곳이다.

Type. Cafe **Address.** 72 Po Hing Fong, Sheung Wan **Location.** MTR Sheung Wan 역 A2 출구에서 도보 30분 **Tel.** 852–6716–7005 **Open.** 9:30–18:00, 월요일 휴무

teakha 티카

한적한 타이 핑 샨 스트리트 안쪽 건물에 자리한 오가닉 티와 홈메이드 스콘, 케이크를 판매하는 차 전문점. 매장 내부가 좁아 대부분의 손님은 야외 잔디 매트와 나무 벤치에 앉아 티를 즐긴다. 이곳에서만 볼 수 있는 독특하고 자유로운 풍경이 여러 사람의 발을 이끈다.

Type. Cafe **Address.** 18 Tai Ping Shan St. Sheung Wan **Location.** MTR Sheung Wan 역 A2 출구에서 도보25분 **Tel.** 852-2858-9185 **Open.** 월–금요일 11:00–19:30, 토 · 일요일 9:00–20:00 **www.teakha.com**

OLDISH 올디시

텅스트리트 골목에 있는 카페로, 큼직한 간판이 시선을 끄는 카페 안으로 들어가면 시간의 흔적이 엿보이는 오래된 빈티지 가구와 포스터, 소품들이 매장 벽을 장식하고 있다. 간단한 식사와 음료, 디저트를 제공하는데 식사 메뉴보다는 음료와 디저트를 즐기기에 좋은 곳이다. 인기 메뉴는 도넛 모양의 차가운 티라미스.

Type. Cafe **Address.** 53 Tung St., Sheung Wan **Location.** MTR Sheung Wan 역 A2 출구에서 도보 20분 **Tel.** 852-2697-3313 **Open.** 12:00- 20:00, 일요일 10:00- 18:00

GrowthRing&Supply
IN COOPERATION WITH
oldish
WELCOME
HELLO
DOG
WiFi
GrowthRing&Supply
IN COOPERATION WITH
oldish
SINGHA
COFFEE

Admiralty, Wan Chai

Best Shops

petit bazaar 쁘띠 바자
MR. BLACK SMITH 미스터 블랙 스미스
LE LABO 르 라보
MONOCLE 모노클
kapok 카폭
CLUB MONACO Men's 클럽 모나코 맨즈

ODD ONE OUT 오드 원 아웃
Pacific Place 퍼시픽 플레이스
twist 트위스트
Okashi Galleria 오카시 갤러리아
MOLESKINE 몰스킨
YOKU MOKU 요쿠모쿠
GINZA WEST 긴자 웨스트
Gong Fu TEA HOUSE 공푸 티 하우스

Best Restaurants + Cafe

SAMSEN 삼센
BUTCHERS CLUB BURGER 부처스 클럽 버거
22 SHIPS 투엔티투 십스
MOTORINO 모토리노
PIZZA EXPRESS 피자 익스프레스
ELEPHANT GROUNDS 엘리펀트 그라운드
Classified 클래시파이드
BEEF&LIBERTY 비프 앤 리버티
PiCi 피씨

brass spoon 브래스 스푼
HONBO 혼보
JOUER 쥬에
LE PAIN QUOTIDIEN 르 팽 쿼티디엥
OMOTESANDO KOFFEE 오모테산도 커피
Passion 파시옹
GIVRÉS 지브레
AMMO 암모
CAFE GRAY 카페 그레이
Ophelia 오필리아

개성 있는 숍들이 가득한 곳

재래시장과 현지인이 좋아하는 레스토랑이 많아 홍콩 사람들이 주로 찾는 지역이다. 애드미럴티를 대표하는 퍼시픽 플레이스Pacific Place 주변의 화려하고 세련된 분위기와 완차이 골목의 소박한 로컬 분위기가 대조적이라 다양한 경험을 할 수 있다.

MTR 애드미럴티 역에 내려 투Two 퍼시픽 플레이스에 있는 쇼핑몰을 둘러보고, 쇼핑몰 지하도로 쓰리Three 퍼시픽 플레이스 건물로 이동해 밖으로 올라오면 완차이 지역을 구경하기 좋다(원과 쓰리 퍼시픽 플레이스는 오피스 빌딩이고, 투에 쇼핑몰과 호텔이 있다. 완차이 스타 스트리트로 가려면 지하 1층에서 쓰리 퍼시픽 플레이스 건물로 이동하면 된다. 도보 5분 거리). 쓰리 퍼시픽 플레이스 건물 밖으로 나와 퀸스 로드 이스트를 따라 위로 올라가거나 오른쪽 윙펑 스트리트Wing Fung St., 스타 스트리트Star St., 생 프란시스 스트리트St. Francis St.의 조용한 뒷골목을 걸으면서 오픈 카페에서 차를 마시고 작은 상점들을 구경하면 좋다. 대형 패션 매장이 아닌 작은 규모의 인테리어, 잡화 매장이 띄엄띄엄 있다. 센트럴만큼 볼 것이 많지 않으니 퍼시픽 플레이스와 함께 가볍게 둘러보면 좋다.

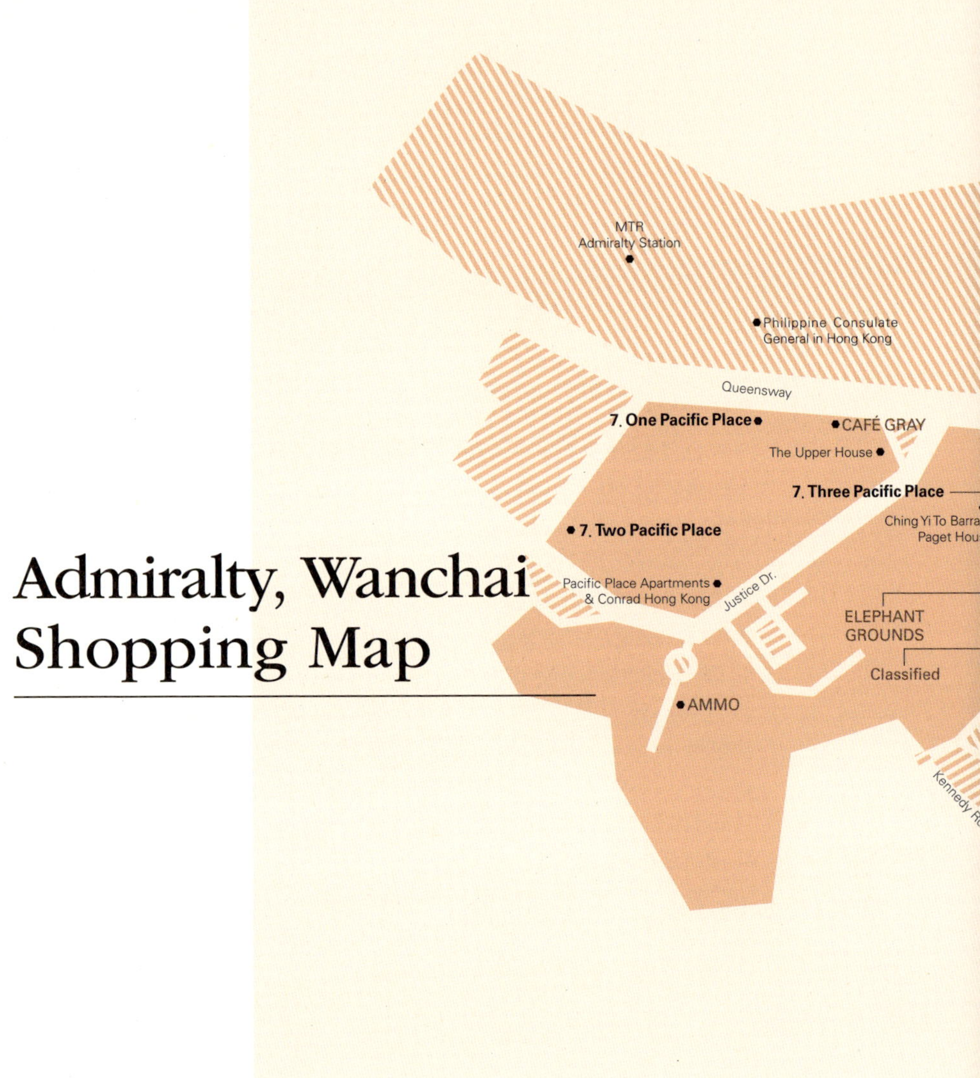

Admiralty, Wanchai Shopping Map

이 지역 관광은 퍼시픽 플레이스에서부터 시작하면 좋다. 택시, 버스, MTR 등을 이용해 퍼시픽 플레이스에 내려 쇼핑몰을 가볍게 둘러보고, 몰과 연결된 지하도를 통해 쓰리 퍼시픽 플레이스Three Pacific Place, 스타 스트리트 방면 출구로 나가 스타 스트리트, 퀸스 로드 이스트, 리텅 애비뉴 순으로 구경하자.

퍼시픽 플레이스에서는 쾌적하고 럭셔리한 쇼핑과 식사가 가능하고, 스타 스트리트, 퀸스 로드 이스트, 리텅 애비뉴에서는 로컬 쇼핑과 산책, 맛있는 음식을 즐길 수 있다(스타 스트리트에서 리텅 애비뉴까지는 도보 10~15분).

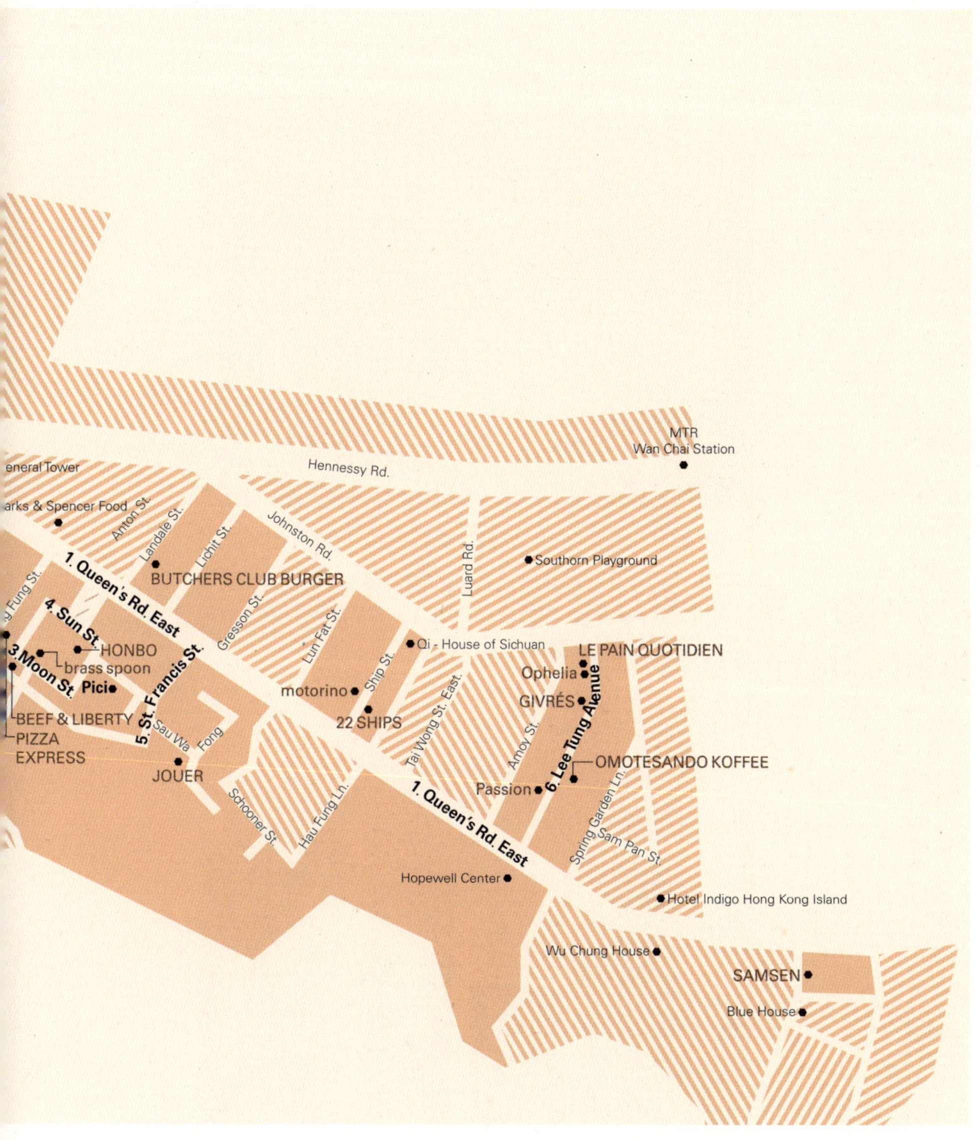

1 Queen's Rd. East 퀸스 로드 이스트	**5 St. Francis St.** 생 프란시스 스트리트
2 Star St. 스타 스트리트	**6 Lee Tung Ave.** 리텅 애비뉴
3 Moon St. 문 스트리트	**7 Pacific Place** 퍼시픽 플레이스
4 Sun St. 선 스트리트	

Section

센트럴 동쪽의 상업 지구로 센트럴의 비즈니스가와 연장 선상에 있다. 지하철 MTR 애드미럴티Admiralty 역 위로 오피스 빌딩과 4개의 호텔이 모여 있는 퍼시픽 플레이스Pacific Place 주변과 MTR 완차이Wanchai 역 근처의 서민적인 동네를 아우르는 곳이다.

Brands

퍼시픽 플레이스 몰에는 럭셔리 브랜드, 편집숍 조이스JOYCE, I.T, 스파 브랜드 자라ZARA, 코스COS가 있고 스트리트 지역에는 캐주얼 브랜드 편집 숍 카폭Kapok, 프렌치 아동 전문 매장 쁘띠 바자Petit Bazaar가 있다. 리텅 애비뉴에는 선물용 과자 요쿠모쿠Yokumoku, 기화병과Keewah Bakery와 공푸 티 하우스Gong FU Tea House가 있다.

Who

퍼시픽 플레이스에는 명품과 스파 브랜드를 찾는 쇼핑객이, 나머지 지역에는 레스토랑과 생활 쇼핑을 위해 현지인이 많이 찾는다.

Price

퍼시픽 플레이스에서의 쇼핑과 식사는 예산대가 높은 반면, 스트리트 지역에서는 합리적인 가격에 쇼핑과 식사가 가능하다.

Queen's Rd. East
Star·Moon·Sun·St. Francis St.

퀸스 로드 이스트皇后大道東, **스타 스트리트**星街, **문 스트리트**月街,
선 스트리트日街, **생 프란시스 스트리트**聖佛蘭士街

완차이에서 센트럴로 이어지는 퀸스 로드 이스트를 중심으로 양옆에 많은 상점이 늘어서 있다.
퀸스 로드 이스트에는 주로 가구, 커튼 전문 매장과 레스토랑이 주를 이루는데 여행객이 시간 내
서 가 볼만한 매장은 쁘띠 바자와 미스터 블랙 스미스, 이렇게 두 곳이다.
스타 스트리트 지역은 쓰리 퍼시픽 플레이스Three Pacific Place 건물 옆 윙펑 스트리트Wing Fung
St. 뒤편의 조용한 주택가 사이에 위치한 작은 골목들로, 깨끗이 정비된 골목들 사이로 들어선 작
고 세련된 외관의 상점들과 카페 풍경이 완차이의 오래된 거리와 건물들과 대조적인 모습을 보
인다. 마치 유럽 어느 골목에 와 있는 듯한 조용하고 여유로운 분위기이다. MTR 애드미럴티
Admiralty 역, 퍼시픽 플레이스 지하에서 지하도로 연결되는데, 스타 스트리트 표지판을 따라 무
빙 워크로 5분 정도 걸으면 스타 스트리트로 가는 출구가 나온다.

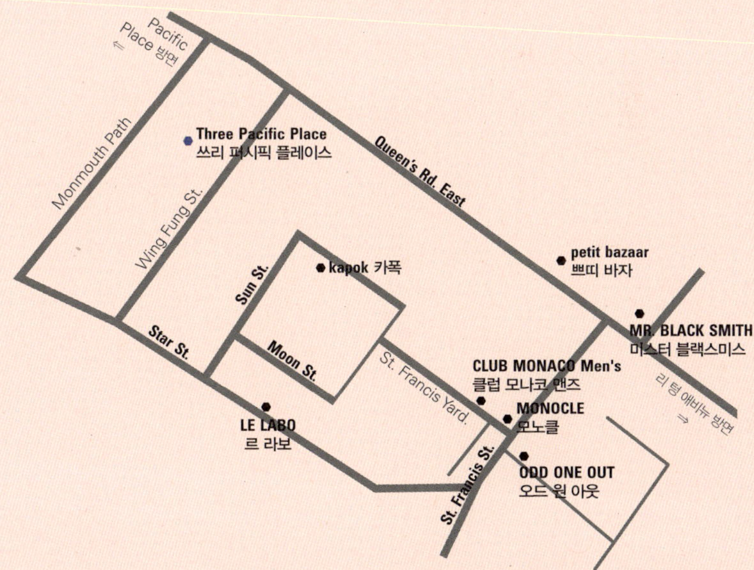

petit bazaar 쁘띠 바자

두 자녀를 둔 프랑스 여성이 론칭한 프렌치 스타일의 키즈 스토어로, 프랑스를 중심으로 유럽에서 수입한 장난 감과 인테리어 소품, 가구, 아동복을 판매한다. 앙증맞은 토끼 모양의 램프, 디자인이 예쁜 오르골, 유럽 감성의 장난감, 침구류 등 어느 하나 예쁘지 않은 것이 없다. 어린 자녀가 있는 여행객이라면 꼭 들러 봐야 할 매장이다. 홍콩 토이저러스ToysRus에서 볼 수 없는 북유럽풍의 개성 있는 키즈 아이템을 찾는 사람에게 강력 추천한다. 2층 매장에는 보보 쇼즈BOBO CHOSES , 우프ouef, 루이 루이스LOUIS LOUIS, 미니 로디니mini rodini, 쎄데쎄CdeC, 누메로 74N°74 등의 북유럽 아동복이 옷걸이 가득 빼곡히 걸려 있다. 여름, 겨울 시즌 두 차례 세일이 진행되고 할인율은 30%~50%이다.

Address. 80 Queen's Rd. East, Wanchai **Location.** MTR Admiralty 역 Three Pacific Place 출구 도보 5분. 퀸스 로드 이스트를 따라 올라가서 왼쪽 **Tel.** 852– 2528–0229 **Open.** 월–수요일10:00–19:30, 목–토요일 10:00–20:00, 일요일 11:00–19:00 **www.**petit–bazaar.com

MR. BLACK SMITH
미스터 블랙 스미스

세계 각국의 인테리어 소품을 모아 둔 라이프 스타일 숍으로, 구경하는 것만으로도 즐겁고 재미있는 공간이다. 독특한 모양의 그릇, 시계, 손잡이, 벽걸이, 문구류를 비롯 탐 딕슨TOM DIXON, 셀레티SELETTI, 헤이HAY의 소품 까지 아기자기하고 기발한 디자인 잡화로 가득하다. 선물용으로 좋은 부피가 작고 합리적인 제품이 많다.

Address. 88 Queen's Rd. East　**Location.** MTR Admiralty 역 Three Pacific Place 출구 도보 5분. 쁘띠 바 자 옆 건물　**Open.** 10:30−20:00, 토요일 10:30−19:30, 일요일 · 공휴일11:00−19:00

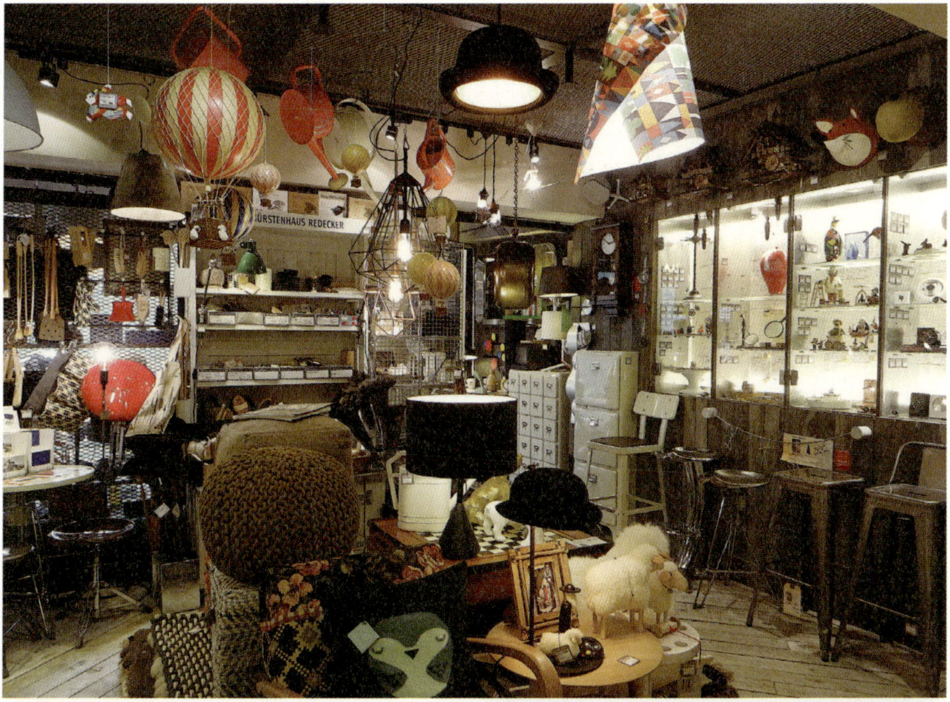
ÜRSTENHAUS REDECKER

2877 8889

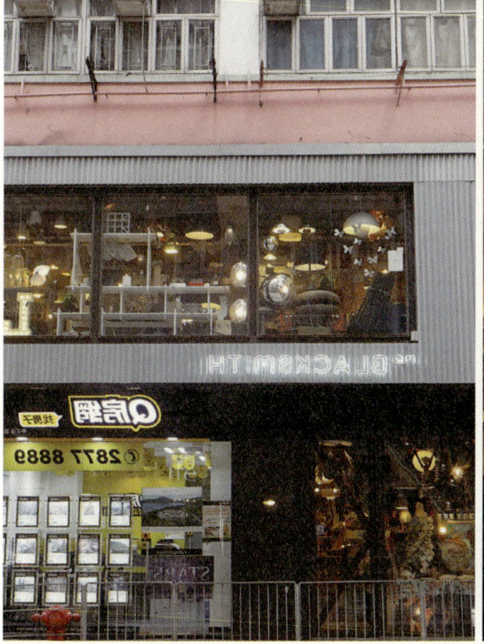

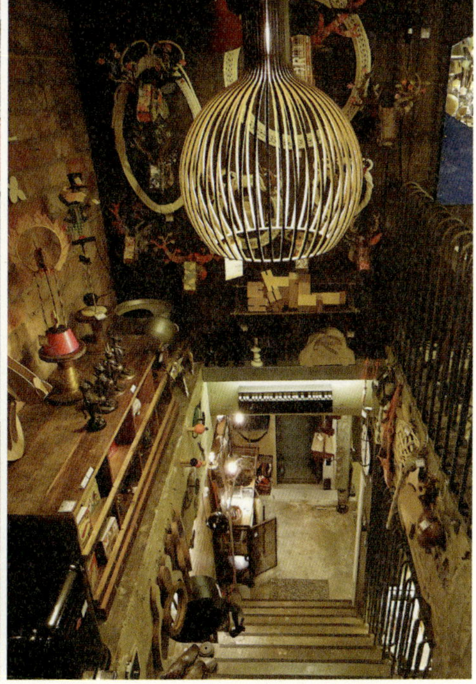

LE LABO 르 라보

뉴욕의 핸드메이드 향수 전문 브랜드 르 라보의 단독 매장. 르 라보는 2006년 미국 뉴욕에서 첫 매장을 열었으며, 실험실처럼 꾸민 매장에서 고객이 원료를 직접 택해 '나만의 향수'를 만들 수 있다는 콘셉트로 인기를 끌어 뉴욕, 런던, 파리, 로스앤젤레스, 샌프란시스코, 홍콩, 도쿄, 서울에 단독 매장을 열었다. 직접 고른 향을 배합해 나만의 향수를 만들고 싶다면 들러 보자.

Address. No. 2F Star St., Wanchai **Location.** MRT Admiralty 역 F 출구에서 도보 8분
Tel. 852–3568–6296 **Open.** 11:00–20:00 **www.lelabofragrances.com**

MONOCLE

모노클

2007년 영국에서 창간한 비즈니스, 문화, 브랜드, 디자인, 인테리어, 예술에 이르는 다양한 이슈를 다루는 매거진, 〈모노클〉의 오프라인 스토어. 매거진뿐만 아니라 다양한 브랜드와의 콜라보레이션 상품들도 판매한다.

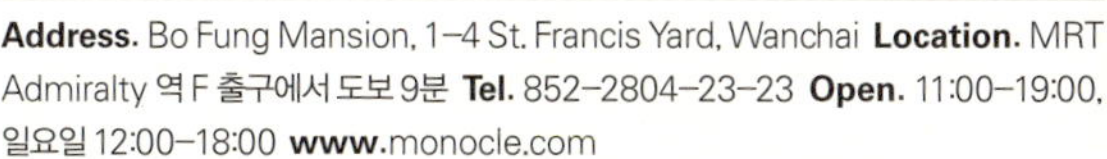

Address. Bo Fung Mansion, 1–4 St. Francis Yard, Wanchai **Location.** MRT Admiralty 역 F 출구에서 도보 9분 **Tel.** 852–2804–23–23 **Open.** 11:00–19:00, 일요일 12:00–18:00 **www.**monocle.com

kapok 카폭

남프랑스 출신 경영자가 제안하는 라이프 스타일 숍. 유럽에서 수입한 핸드
폰 케이스, 스피커, 향수, 향초 등과 유럽 신진 브랜드의 남성 의류, 운동화, 가
방 등 캐주얼한 패션 아이템을 볼 수 있는 곳으로 홍콩의 패션 피플 사이에서
핫한 곳이다.

Address. 3 Sun St., Wanchai, Hong Komg **Location.** MRT Admiralty 역 F 출구에서
도보 7분 **Tel.** 852–2520–0114 **Open.** 11:00–20:00 **www.**ka–pok.com

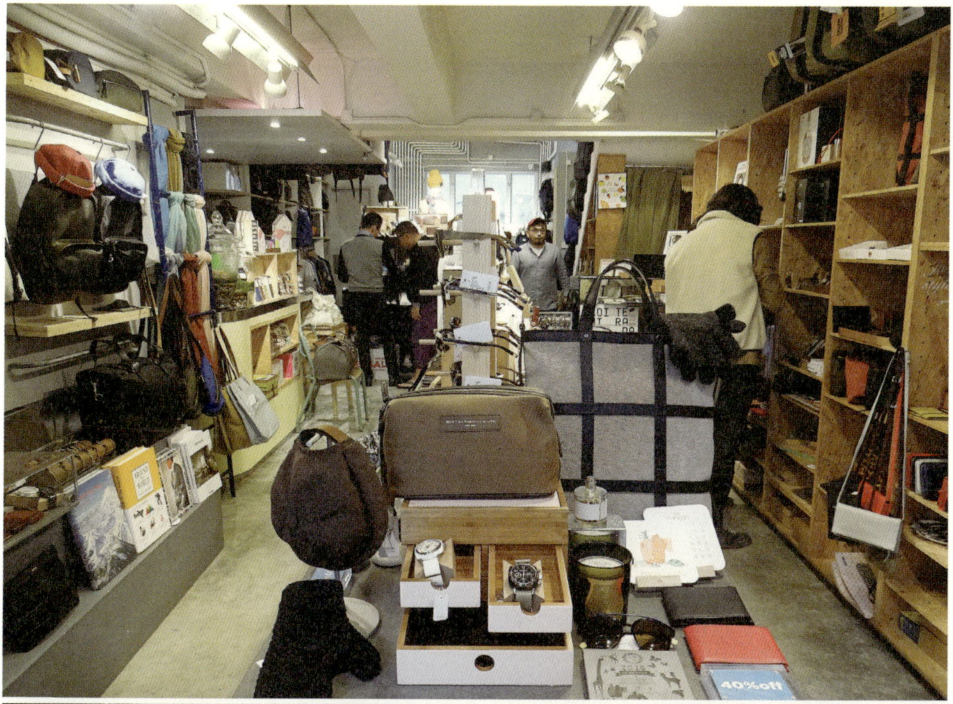
40%off

DREAM
WITH ME
OSTRICHPILLOW
OSTRICH
PILLOW
Madrid
SALE

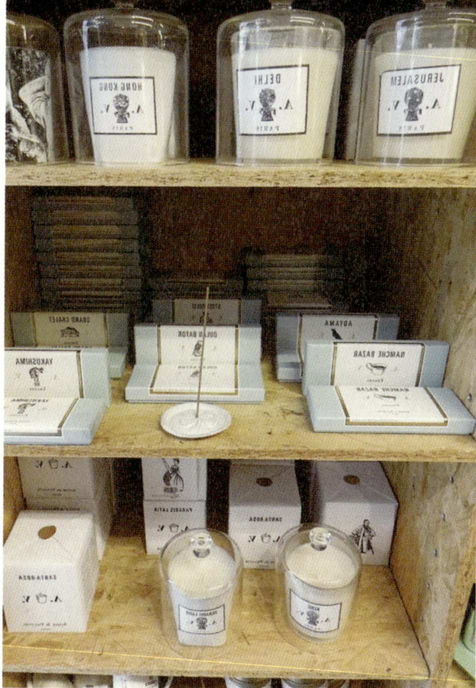

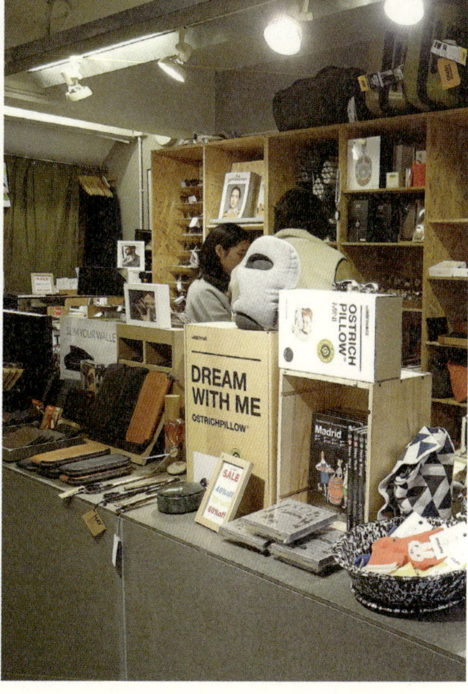

CLUB MONACO Men's
클럽 모나코 맨즈

Address. Shop 4A&4B, Bo Fung Mansion, St. Francis Yard, Wanchai **Location.** MRT
Admiralty 역 F 출구에서 도보 8분 **Tel.** 852–2527–7030 **Open.** 11:00–21:00 **www.**
clubmonaco.com

홍콩 유일의 클럽 모나코 맨즈 콘셉트 스토어로, 클래식한 남성 패션과 스타일을 제안한다. 클럽 모나코의 일반
라벨뿐만 아니라 세계 각지의 맨즈 패션 브랜드와 빈티지 아이템, 시계, 모자, 타이 등 다양한 남성 패션 아이템
으로 구성되어 있다.

ODD ONE OUT
오드 원 아웃

생 프란시스 스트리트St. Francis St. 에 들어서면 눈에 띄는 오렌지색 건물 안에 숨은 예술적인 공간으로 갤러리, 아티스트 에이전시, 작은 카페를 한 곳에서 만날 수 있는 매력적인 곳이다. 계단을 오르면 출입문이 나오는 매장 안에는 홍콩 작가들과 외국 신인 작가들의 일러스트 작품을 엄선해 프린트로 판매하고 있다. 예술 서적과 귀여운 일러스트 카드, 테이블 웨어 등 다른 곳에서 볼 수 없는 작가들의 작품이 많고 가격 또한 합리적이다.

Address. 14 St. Francis St., Wan Chai **Location.** MRT Admiralty 역 F 출구에 서 도보 9분 **Tel.** 852–2529–3955 **Open.** 12:00–19:00 **www.oddoneout.hk**

Pacific Place

퍼시픽 플레이스 *Location. 374p*

지하철 MTR 애드미럴티Admiralty 역에 위치한 초대형 쇼핑몰로, 쇼핑몰 위로 4개의 호텔(샹그릴라, 콘래드, JW 메리어트, 어퍼 하우스)과 3동의 오피스 건물과 연결되어 있다. 샤넬, 에르메스, 루이비통, 디올 등의 럭셔리 브랜드와 하비 니콜스를 중심으로 조이스, I.T 등의 편집숍, 명품 보석과 시계 브랜드, 스포츠 브랜드 매장이 큰 규모로 자리 잡고 있다.

지하에는 유명 중식과 타이 레스토랑, 고급 슈퍼마켓이 있어 홍콩 현지인들이 즐겨 찾는 인기 쇼핑몰이다. 지하 1층 레스토랑 옆 지하도로 인근 쇼핑, 레스토랑 지구인 스타 스트리트, 퀸스 로드 이스트 로드로 나갈 수 있어 퍼시픽 플레이스 몰과 두 지역을 함께 둘러보면 좋다.

Address. Pacific Place, 88 Queensway **Location.** 지하철 MTR Admiralty 역 F 출구 **Tel.** 852-2844-8988 **Open.** 매장별 상이 **www.pacificplace.com.hk**

ROGER DUBUIS

Dior

PEANUTS

LEE TUNG AVENUE
利東街

Lee Tung Ave.

리 텅 애비뉴 利東街

2015년 연말에 오픈해 완차이의 최신 핫 플레이스로 주목받는 주상 복합 지구 리텅 애비뉴. 완차이 메인 로드인 퀸스 로드 이스트Queen's Rd. East와 트램이 오가는 존스턴 로드Johnston Rd. 사이에 새로 개발된 지역으로 위로는 주거 지역, 1층과 지하에는 레스토랑과 쇼핑 공간이 자리 잡고 있다. 가로수가 늘어선 거리를 중심으로 분위기 좋은 오픈 카페와 레스토랑이 많아 식사 시간대에 특히 방문객이 많다.

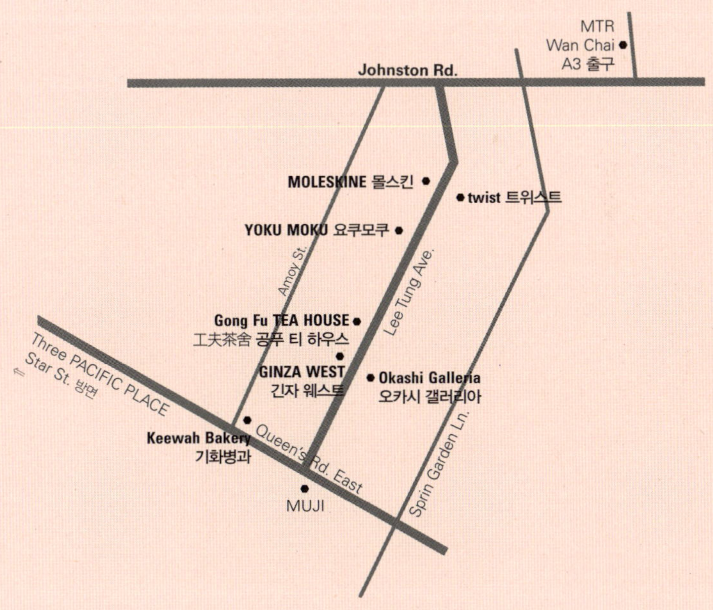

Twist 트위스트

지방시GIVENCHY, 발렌티노VALENTINO, 펜디FENDI, 스텔라 맥카트니STELLA McCARTNEY 등 명품 브랜드의 가방과 신발, 액세서리를 판매하는 아웃렛. 일반 매장보다 10%~30% 할인 판매한다.

Address. G30, Lee Tung Ave., Wan Chai **Location.** MRT Wan Chai 역 A3 출구에서 도보 5분 **Tel.** 852-2797-2111 **Open.** 12:00-22:00 **www**.twist.hk

Okashi Galleria
오카시 갤러리아

일본 과자 전문점 오카시 갤러리아에서 운영하는 숍으로 각종 일본 과자를 판매한다. 또한, 일본 감자 칩 과자 브랜드인 칼비Calbee의 감자 칩을 즉석에서 튀겨 주는 칼비 플러스Calbee+ 카페가 있어 11가지 종류의 감자 칩 메뉴를 고를 수 있다.

Address. G14–15 & F15A, Lee Tung Ave., Wan Chai **Location.** MRT Wan Chai 역 A3 출구에서 도보 10분 **Tel.** 852-2323-0398 **Open.** 10:00–22:00 www.seewide.com

MOLESKINE 몰스킨

클래식하고 심플한 디자인과 좋은 품질로 전 세계에서 가장 사랑받는 다이어리로 유명한 몰스킨의 노트, 다이어리, 가방 등 전 제품을 볼 수 있는 매장. 몰스킨 다이어리는 기본적으로 포켓, 라지 사이즈로 구성되어 있으며 하드, 소프트 커버로 활용도에 맞게 선택할 수 있다.

Address. G08, Lee Tung Ave., Wan Chai **Location.** MRT Wan Chai 역 A3 출구에서 도보 10분 **Tel.** 852–2399–0355 **Open.** 11:00–20:30, 금 · 토요일 21:30 **www.**moleskine.com

YOKU MOKU 요쿠모쿠

시가 모양의 부드러운 버터 롤 쿠키로 유명한 일본 제과점 요쿠모쿠 과자점. 고급 버터를 사용한 쿠키 반죽을 납작하게 살짝 구워 뜨거울 때 담배 모양으로 돌돌 말아 만든 쿠키로, 부드러운 식감과 진한 버터 풍미가 일품이다.

Location. G35 & F35A, Lee Tung Ave **Tel.** 852–2865–0355 **Open.** 런치 11:30–15:00, 디너 18:00–23:00 **www**.yokumoku.com.hk

GINZA WEST

긴자 웨스트

일본 고급 수제 쿠키와 파이 전문점으로 인공 첨가물과 색소를 전혀 사
용하지 않는다. 패키지가 예뻐 선물용으로 좋다.

Address. G13, Lee Tung Ave., Wan Chai　**Location.** MRT Wan Chai 역 A3 출
구에서 도보 8분　**Tel.** 852–3974–5888　**Open.** 10:00–20:00　**www.**ginza–west.
co.jp

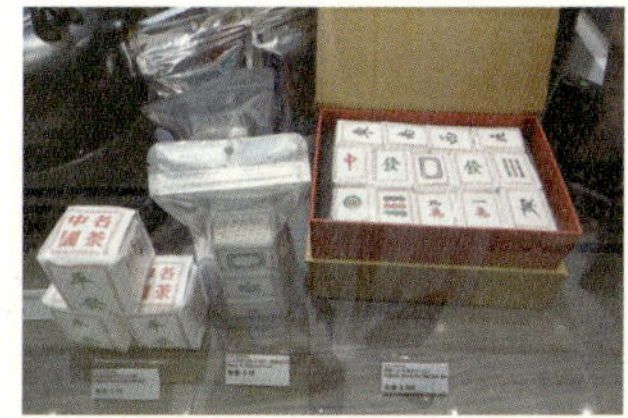

Gong Fu TEA HOUSE

공푸 티 하우스

50년 전통의 중국 차 전문점으로 다양한 종류의 중국차를 비롯하여 차 도구를 판매한다. 여행객에게 가장 있는 있는 아이템은 장기 모양 패키지 선물 세트이다.

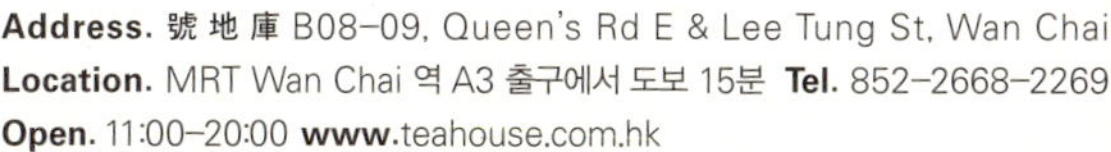

Address. 號地庫 B08–09, Queen's Rd E & Lee Tung St, Wan Chai
Location. MRT Wan Chai 역 A3 출구에서 도보 15분 **Tel.** 852–2668–2269
Open. 11:00–20:00 **www.teahouse.com.hk**

MOONSHINE & THE PO'BOYS
kapok on sun street

Admiralty, Wanchai Restaurant&Cafe

완차이, 애드미럴티 레스토랑&카페

완차이 지역은 센트럴 다음으로 화제의 레스토랑이 많이 생기고 없어지기를 반복하는 홍콩 요식 업계의 뜨거운 지역으로, 다수의 맛집이 있는 곳이다. 센트럴 맛집과 비교했을 때 분위기가 더 캐주얼하고 현지 색이 묻어나는 공간에, 식사 예산도 적게 드는 것이 특징이다.

홍콩의 더운 기후의 특성상 여름에는 퍼시픽 플레이스 안의 레스토랑이나 호텔 레스토랑을 이용하고, 비교적 선선한 10월에서 5월에는 완차이 골목을 걸어서 맛집을 찾아다니는 것을 추천한다.

SAMSEN 삼센

완차이 블루 하우스 근처에 오픈한 화제의 타이 레스토랑. 성완 인기 타이 레스토랑 차차완Chachawan의 셰프였던 아담 클리프Adam Cliff가 캐주얼하고 심플한 타이 누들 메뉴를 선보여 인기를 끌고 있다. 인기가 많아 늘 대기 시간이 길다. 점심과 저녁 모두 예약을 받지 않으므로 오픈 시간에 맞춰 가면 좋다.

Type. Thai Cuisine **Address.** 68 Stone Nullah Lane, Wan Chai **Location.** MTR Wan Chai 역 A3 출구에서 도보 15분 **Tel.** 852-2234-0001 **Open.** 런치 12:00-14:30, 디너 18:30-23:00, 일요일 휴무

BUTCHERS CLUB BURGER
부처스 클럽 버거

드라이 에이징을 거친 호주산 블랙 앵거스 쇠고기를 사용한 두툼한 패
티로 인기가 많은 햄버거 전문점.

Type. American Cuisine **Address.** GF, Rialto Building, 2 Landale St, Wan Chai
Location. MRT Admiralty 역 F 출구에서 도보 15분 **Tel.** 852-2528-2083 **Open.** 20:00-
23:00 **www.**thebutchers.club/burger-hk

22 SHIPS
투엔티투 십스

미슐랭에 랭크된 셰프 제이슨 애서튼Jason Atherton이 이끄는 캐주얼 스페니시 타파스 바. 오픈 키친에서 섬세하게 만들어 중앙의 긴 야외 바 테이블에 제공하는 타파스 요리를 맛보려는 사람들로, 늘 붐비는 인기 레스토랑이다. 좌석이 35석뿐이므로 긴 대기 시간을 피해 제대로 자리를 잡고 음식을 즐기려면 오픈 시간인 오후 6시에 맞춰 가는 것이 좋다. 사전 예약은 받지 않는다.

Type. Spanish Cuisine **Address.** 22 Ship St., Wanchai **Location.** MTR Wan Chai 역 A3 출구에서 도보 10분 **Tel.** 852–2555–0722 **Open.** 18:00–23:00, 일요일 12:00–22:00
www.22ships.hk

MOTORINO 모토리노

뉴욕 피자 체인점인 모토리노가 홍콩에 오픈한 두 번째 매장. 핫한 레스토랑이 속속 생겨나는 십 스트리트 골목에서도 가장 큰 규모의 레스토랑이다. 방울 양배추를 올린 브러슬 스프라우트 피자Brussels Sprouts Pizza, 미트볼을 올린 미트볼 피자 Meatball Pizza, 프로슈토 햄을 올린 프로슈토 디 파르마Prosciutto de Parma 피자가 인기 메뉴이다.

Type. Italian Cuisine **Address.** 15 Ship St., Wanchai **Location.** MTR Wan Chai 역 A3 출구에서 도보 5분 **Tel.** 852–2520–0690 **Open.** 11:00–23:00 **www.**motorinopizza.com/hong_kong

PIZZA EXPRESS

피자 익스프레스

홍콩 내 여러 지역에 매장을 전개 중인 영국계 피자 전문점. 좋은 재료를 사용해 깨끗한 매장에서 심플한 피자를 제공해 대중에게 사랑받는 캐주얼 레스토랑이다. 어린이 고객을 위한 키즈 메뉴 세트와 컬러링북, 색연필이 준비되어 있어 유아를 동반한 여행객에게 추천한다.

Type. Italian Cuisine **Address.** GF–1F, 23 Wing Fung St., Wanchai **Location.** MTR Admiralty 역 F 출구에서 7분 **Tel.** 852–3528–0541 **Open.** 11:00–22:00 **www.** pizzaexpress.com.hk

ELEPHANT GROUNDS

엘리펀트 그라운드

홍콩 시내에 매장을 늘려가는 커피 전문점 엘리펀트 그라운드의 새로운 매장이 완차이의 가장 힙한 골목인 스타 스트리트 아래 윙펑 스트리트에 문을 열었다. 쓰리 퍼시픽 플레이스Three Pacific Place 건물을 나서면 바로 보이는 탁 트인 조용한 곳에 자리 잡은 오픈 카페로, 아침 일찍부터 문을 열어 브런치 장소로 인기가 많다. 각종 음료와 술, 커피, 디저트를 비롯하여 샐러드와 샌드위치, 버거 메뉴 등 간단한 식사 메뉴도 갖추고 있다. 커피와 아이스크림 샌드위치가 가장 인기이다.

MTR 애드미럴티 역에서 스타 스트리트 방면 출구로 나오면 윙펑 스트리트를 찾을 수 있다.

Type. Cafe **Address.** 8 Wing Fung St., Wanchai **Location.** MTR Admiralty 역 F 출구에서 6분 **Tel.** 852–2778–2700 **Open.** 월–목요일 8:00–21:00, 금요일 8:00–22:00, 토요일 9:00–22:00, 일요일 9:00–21:00 **www.**elephantgrounds.com

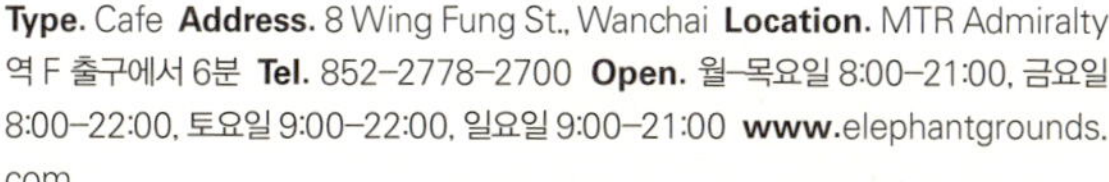

Classified
클래시파이드

윙펑 스트리트Wing Fung St. 언덕을 올라 스타 스트리트Star St.와 만나는 코너에 오랜 기간 자리를 지켜 온 오픈 카페. 매일 아침 갓 구워 낸 빵과 다양한 종류의 치즈, 와인을 합리적인 가격에 제공한다. 아침 메뉴와 브런치 메뉴도 별도로 구성되어 있으며 간단한 디저트와 커피, 글라스 와인을 즐기며 쉬어 가기 좋다.

Type. Cafe **Address.** 31 Wing Fung St., Wanchai **Location.** MTR Admiralty 역 F 출구에서 7분 **Tel.** 852-2528-3454 **Open.** 8:00-24:00, 라스트 오더 22:30 **www.** classifiedfood.com

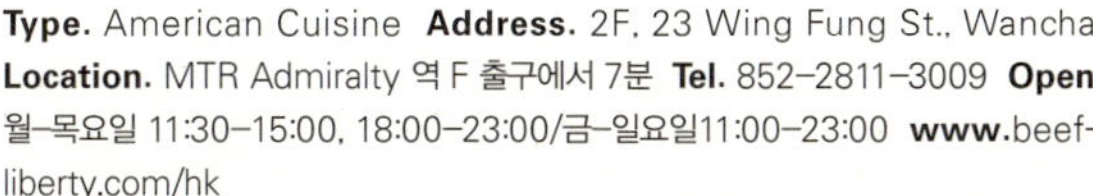

BEEF&LIBERTY

비프 앤 리버티

목초를 먹여 방목한 건강한 무항생제 소고기를 사용하는 햄버거 전문점. 이곳 스타 스트리트 완차이 지점을 시작으로 인기를 얻어 현재는 센트럴, 스탠리에도 지점을 열었다. 다양한 맥주와 음료, 디저트 메뉴도 있다.

Type. American Cuisine **Address.** 2F, 23 Wing Fung St., Wanchai
Location. MTR Admiralty 역 F 출구에서 7분 **Tel.** 852-2811-3009 **Open.**
월-목요일 11:30-15:00, 18:00-23:00/금-일요일11:00-23:00 **www.**beef-liberty.com/hk

PiCi 피씨

완차이 스타 스트리트Star St. 지구 안쪽에 생긴 화제의 이탈리안 파스타 바. 모노클 숍이 있는 생 프란시스 야드 골목 안쪽에 있는 오픈 바 형태의 2층 건물이다. 메뉴는 단품과 코스 메뉴가 있다. 평일 점심 코스는 전채 요리, 파스타, 디저트 세트가 148HK$이고, 주말과 휴일 점심 코스는 두 가지 전채 요리와 세 가지 파스타, 디저트, 이탈리아 프로세코 와인 한 잔이 세트로 280HK$이다. 파스타는 매일 아침 주방에서 직접 손으로 만드는 쫄깃하고 두툼한 생면 파스타로 요리한다.

다른 레스토랑과 달리 서비스료가 계산서에 포함되어 있지 않으므로 계산 시 별도로 10% 정도의 팁을 주는 것이 좋다. 예약을 받지 않으므로 오픈 시간에 맞춰 가면 기다리지 않고 바로 들어갈 수 있다.

Type. Cafe **Address.** 16 St. Francis Yard, Wanchai **Location.** MTR Admiralty 역 F 출구에서 도보 7분 **Tel.** 852-2755-5523 **Open.** 월-목요일 12:00-22:30, 금요일 12:00-23:00, 토요일 11:30-23:00, 일요일 11:30-22:30 **www.**pici.hk

brass spoon 브래스 스푼

완차이 스타 스트리트 뒷골목, 조용하고 한적한 문 스트리트Moon St.에 2015년 말 오픈한 세련되고 깔끔한 인테리어가 돋보이는 작은 베트남 국수 전문점. 메인 메뉴는 따뜻한 국물이 있는 쌀국수 포Pho와 국물이 없는 차가운 쌀국수 분bun, 두 가지로 구성되어 메뉴 선택에 고민할 필요가 없다. 주문 용지에 원하는 종류의 국수와 그 안에 들어가는 고기의 종류와 익히는 정도, 야채의 양을 연필로 적으면 입맛에 맞는 국수를 주문할 수 있다.

가격은 한 그릇에 88HK\$이고 프리미엄급 고기를 선택하면 125HK\$다. 사전 예약은 받지 않으며 계산도 현금으로만 가능하다. 쓰리 퍼시픽Three Pacific Place 건물 밖으로 나와 윙펑 스트리트 언덕 위 클래시파이드 건물에서 좌회전해 첫 번째 골목으로 직진하면 나온다.

Type. Vietnamese Cuisine **Address.** Shop B, Ground Floor, 1–3 Moon St, Wanchai **Location.** MTR Admiralty 역 F 출구에서 7분 **Tel.** 852-2877-0898 **Open.** 12:00–19:00, 일 · 공휴일 휴무 **www.**thebrassspoon.com

HONBO 혼보

2017년 봄, 스타 스트리트Star St. 지구의 선 스트리트Sun St.에 오픈한 햄버거 전문점. 퀸스 로드 이스트 도로의 작은 공원인 도미니언 가든Dominion Garden 뒤의 돌계단을 오르면 선 스트리트 골목과 만나게 되는데, 하얀색과 파란색 페인트를 칠한 눈에 띄는 외관으로 주목을 끈다. 빵, 채소, 고기 등 홍콩 로컬 재료만을 사용해 버거를 만든다. 가격은 오리지널 버거가 88HK$, 치즈 버거 98HK$. 감자튀김은 별도 주문해야 한다.

Type. American Cuisine **Address.** 6–7 Sun St., Wanchai **Location.** MTR Admiralty 역 F 출구에서 7분 Tel. 852–2567–8970 **Open.** 12:00–22:00, 월요일 휴무, 예약 불가 **www.honbo.hk**

JOUER 쥬에

프렌치 파티시에가 만드는 마카롱 브랜드 쥬에의 콘셉트 스토어가 스타 스트리트 안쪽 사우와퐁 스트리트Sau Wa Fong St.에 문을 열었다. 막다른 골목에 나무가 우거진 곳에 위치한 이 매장은 인테리어 데코 제품과 예술 작품, 빈티지 소품 등을 판매한다. 매장 안쪽에는 오픈 테라스에서 차와 마카롱을 즐길 수 있는 카페가 있다. 이곳 마카롱은 중국 식초와 생강, 홍콩 스타일 밀크티, 일본 명란젓 등을 넣어 맛이 독특하다. 화려한 컬러의 마카롱이 눈과 입을 즐겁게 한다.

Type. Cafe **Address.** 1 Sau Wa Fong, Wanchai **Location.** St. Fràncis의 Timothy Oulton 맞은편 계단을 올라 안쪽으로 직진 **Tel** 852−2528−6577 **Open.** 11:00−19:30, 월요일 휴무 **www.jouer.hk**

LE PAIN QUOTIDIEN
르 팽 쿼티디엥

벨기에에서 오픈한 이래 현재 18개국에서 240여 개의 레스토랑을 운영 중인 글로벌 카페로, 홍콩의 첫 번째 스토어이다. 완차이의 새로 개발된 주상 복합 지구인 리텅 애비뉴Lee Tung Ave.에 들어서 이 지역 분위기를 확 바꾸어 놓은 화제의 레스토랑이기도 하다. 존스턴 로드를 바라보는 야외 테라스 자리에서는 양방향으로 쉴 새 없이 오가는 트램도 볼 수 있다. 오가닉 재료를 사용한 건강한 맛의 빵과 신선한 샐러드와 디저트, 커피를 제공한다.

Type. Bakery&Cafe **Address.** Shop No G40–41, Lee Tung Ave., Wan chai **Location.** (존스턴 로드 입구) MTR Wanchai 완차이 역 A3 출구 도보 5분. (퀸스 로드 이스트 입구) 완차이 호프웰 센터 Muji 매장 길 건너편 **Tel.** 852–2520–1801 **Open.** 8:00–22:00, 금 · 토요일 8:00–23:00 www.lepainquotidien.com.hk

OMOTESANDO KOFFEE

오모테산도 커피

도쿄 스페셜 티 커피 전문점 오모테산도 커피가 5년간 영업했던 도쿄 매장을 닫
고, 완차이의 핫 플레이스 리텅 애비뉴에 2016년 새롭게 문을 열었다. 미니멀한
인테리어가 인상적인 매장에서 제공되는 섬세한 맛과 향의 카푸치노와 큐브 모
양의 커스터드 과자인 카시Kashi로 인기를 끄는 곳이다.

Type. Cafe **Address.** G11, 12&F12A, Lee Tung Ave., 200 Queen's Rd. East, Wan Chai
Location. (존스턴 로드 입구) MTR Wanchai 역 A3 출구 도보 5분. (퀸스 로드 이스트 입구) 완차
이 호프웰 센터 MUJI 매장 길 건너편 **Open.** 8:00–22:00, 토 · 일요일9:00–21:00 **www.**ooo–
koffee.com

Passion 파시옹

프랑스에서 공수해 온 밀가루로 만든 정통 바게트와 크루아상, 각종 과일 타르트
등으로 유명한 프렌치 베이커리 카페. 샌드위치, 샐러드, 아이스크림과 컵케이크
까지 간단한 식사와 디저트를 한 공간에서 즐기기에 좋다.

Type. Bakery&Cafe **Address.** Shop G24-25, Lee Tung Ave., 200 Queen's Rd. East,
Wan Chai **Location.** (존스턴 로드 입구) MTR Wanchai 역 A3 출구에서 도보 5분. (퀸스 로드 이
스트 입구) 완차이 호프웰 센터 MUJI 매장 건너편 **Tel.** 852-2529-1311 **Open.** 8:00-22:00
www.passionbygd.com

GIVRÉS 지브레

다양한 맛의 젤라토를 여러 겹의 꽃잎 모양으로 내어 주는 로즈 젤라토로 유명한 카페. 3가지 맛을 고를 수 있다. 맛에 따라 컬러가 달라 다양한 색상의 꽃으로 디자인할 수 있다.

Type. Cafe **Address.** G38, Lee Tung Ave., 200 Queen's Rd. East, Wan Chai **Location.** (존스턴 로드 입구) MTR Wanchai 역 A3 출구 도보 5분. (퀸스 로드 이스트 입구) 완차이 호프웰 센터 MUJI 매장 건너편 **Tel.** 852−9659−0816 **Open.** 월요일 11:30−18:00, 화−목요일 11:30−21:30, 금−일요일 11:30−22:00 **www**.givres.com

AMMO 암모

아시아 소사이어티Asia Society 건물 안쪽에 있는 레스토랑으로 1965년에 개봉한
영화, 알파빌Alphaville에서 영감받은 화려한 인테리어가 눈을 사로잡는다. 지중해
식 타파스와 이탈리안 메뉴를 제공한다. 유기농 달걀로 만드는 수제 파스타가 유
명하고 가격대도 합리적이다. 점심시간에는 세트 메뉴를 제공하는데 전채 요리와
메인, 디저트를 포함한 구성이 248HK$이다. 서비스료 10%는 별도.

Type. Italian Cuisine **Address.** Asia Society HK Center, 9 Justice Drive, Admiralty
Location. 애드미럴티 콘래드 호텔 입구 건너편 아시아 소사이어티 건물 안쪽 **Tel.** 852–2537–
9888 **Open.** 12:00–23:00, 금 · 토 · 공휴일 12:00–24:00 **www**.ammo.com.hk

CAFE GRAY 카페 그레이

홍콩에서 가장 조용하고 세련된 바로, 현지인들에게 사랑받는 핫 플레이스이다. 애드미럴티 퍼시픽 플레이스와 연결된 호텔 어퍼 하우스Upper House 최상층에 있다. 사방이 통유리로 되어 있어 빅토리아 하버와 홍콩섬, 카오룽의 전망이 파노라마처럼 펼쳐진다. 조식 메뉴를 시작으로 점심 메뉴, 애프터눈 티 메뉴, 저녁 메뉴와 바 메뉴까지 시간에 따라 다른 메뉴와 분위기를 내므로 언제 가도 좋다.

오후 3시부터 5시 반까지 제공는 애프터눈 티 세트와 저녁의 바 코너가 관광객들에게 인기이다. 저녁 식사보다는 바 테이블에서 야경을 보며 칵테일, 와인을 즐기기를 추천한다. 전화로 예약하고 가는 것이 좋다.애프터눈 티 가격은 1인에 295HK\$, 2인에 425HK\$. 서비스료 10% 별도.

Type. Cafe&Bar **Address.** 49층, The Upper House, Pacific Place, 88 Queensway **Location.** 퍼시픽 플레이스 Marriott 호텔 옆, 회색 어퍼 하우스 호텔 건물 **Tel.** 852-3968-1106 **Open.** 6:30-22:30(레스토랑), 11:00-새벽 1:00(바) **www.**cafegrayhk.com

Ophelia 오필리아

화려한 홍콩의 나이트 라이프에 정점을 찍을 독특한 콘셉트의 바로, 2016년 완차이의 새로운 쇼핑 지구인 리팅 애비뉴 건물 안에 문을 열었다. 방콕을 중심으로 아시아에서 가장 트렌디한 바를 디자인해 온 애슐리 서튼이 홍콩에서 처음으로 디자인한 바이다. 특이한 새를 파는 새 가게인 버드 숍Bird shop 뒤에 숨어 있는 바를 콘셉트로, 19세기 아편 굴에 영감을 받은 인테리어가 비현실적이고 몽환적인 분위기를 자아낸다. 인테리어의 핵심이 되는 주제는 공작새로, 바 입구 양쪽에 박제된 공작새 두 마리가 있고, 바 벽면은 60만 장 이상의 공작새 깃털 문양의 타일로 채워져 있으며, 천장과 벽에는 철제로 된 깃털 장식품과 실제 공작 깃털로 장식되어 있다.

비현실적인 것은 공간만이 아니다. 메인 바의 바텐더들 뒤로는 두 명의 뮤즈가 바 뒤로 설치된 좁은 선반 위에 누워 춤을 추고, 메인 무대와 바 곳곳에 시간별로 섹시한 무희들이 나와 춤과 서커스를 선보인다. 현실을 벗어나 비일상적인 경험과 일탈을 하고 싶다면 재미있는 경험이 될 새로운 콘셉트의 바이다. 칵테일, 와인, 위스키, 맥주 등의 음료와 간단한 식사를 제공하는데, 식사 시간보다는 식사 후 늦은 시간에 잠시 들러 한 잔 하기를 추천한다.

Type. Bar **Address.** Shop F39A & 41A, 1F, The Ave., Lee Tung Ave., 200 Queen's Rd. East, Wan Chai **Location.** 리팅 애비뉴 FLORTE 매장과 GIVRES 매장 사이 문으로 들어가 엘리베이터를 타고 1층 **Tel.** 852-2520-1117 **Open.** 월-목요일 18:00-2:00, 금 · 토요일 18:00-3:00, 일요일 휴무 **www**.facebook.com/OpheliaHongKong

Causeway Bay

Best Shops

H&M 에이치 앤 엠

COMME des GARÇONS 꼼 데 가르송

OFF-WHITE 오프 화이트

sandro 산드로

ami 아미

MSGM 엠에스지엠

shine 샤인

Liger 라이거

D-Mop 디-몹

MAISON KITSUNE 메종 키츠네

JUICE 주스

STUDIOUS 스튜디어스

Francfranc 프랑프랑

LOG-ON 로그-온

IKEA 이케아

I.T 아이티

COS 코스

ISABEL MARANT 이자벨 마랑

maje 마쥬

Seed HERITAGE 씨드

ABEBI 아베비

BAROCCO 바로코

mothercare 마더케어

Jellybean 젤리빈

CHANEL 샤넬

Dior 디올

HERMÈS 에르메스

Roger Vivier

로저비비에

GUCCI 구찌

GUCCI_Kids 구찌 키즈

DOLCE&GABBANA_Children

돌체 앤 가바나 칠드런

baby Dior 베이비 디올

WISE KIDS 와이즈 키즈

SOGO 소고

Hysan Place 하이산 플레이스

Times Square 타임스 스퀘어

Lee Theatre 리 시어터

One Hysan Avenue 원 하이산 애비뉴

Best Restaurants + Cafe

ALTO BAR&GRILL 알토

Under Bridge Spicy Crab

언더 브리지 스파이시 크랩

ICIRAN 一蘭 이치란

DIN TAI FUNG 딘 타이 펑

An nam 안남

WEST VILLA 웨스트 빌라

LA MAISON DU CHOCOLAT 라 메종 드 쇼콜라

Nah Trang 나 트랑

agnès b. café l.p.g 아네스 베 카페

ELEPHANT GROUNDS 엘리펀트 그라운드

LADY M 레이디 엠

simply life 심플리 라이프

MINH&KOK 민 앤 콕

홍콩 사람들이 가장 많이 찾는 쇼핑 지역

코즈웨이 베이는 완차이와 인접한 지역으로 늘 정신없이 북적이는 한국의 명동 같은 상업 지구기도 하다. 지하철로는 MTR 아일랜드 선 코즈웨이 베이 역에서 내리면 된다. 트램과 2층 버스가 분주히 오가는 헤네시 로드Hennessy Rd.를 중심으로 백화점, 쇼핑센터, 스파SPA 브랜드와 홍콩 로컬 브랜드, 레스토랑이 건물마다 들어서 있다. 질서 없이 뻗은 홍콩식 간판 아래로 홍콩 현지인 사이를 누비며 로컬 분위기를 마음껏 느낄 수 있다.

오래전부터 상권이 발달한 지역으로 패션 워크Fashion Walk 거리에서는 스트리트 패션 브랜드와 스파SPA 브랜드를, 백화점과 대형 몰에서는 럭셔리 브랜드를 쇼핑할 수 있다. 일요일은 코즈웨이 베이 역을 중심으로 많은 인파가 몰려 걷기도 힘들기 때문에 되도록 일요일을 제외한 날에 방문하는 것이 좋다.

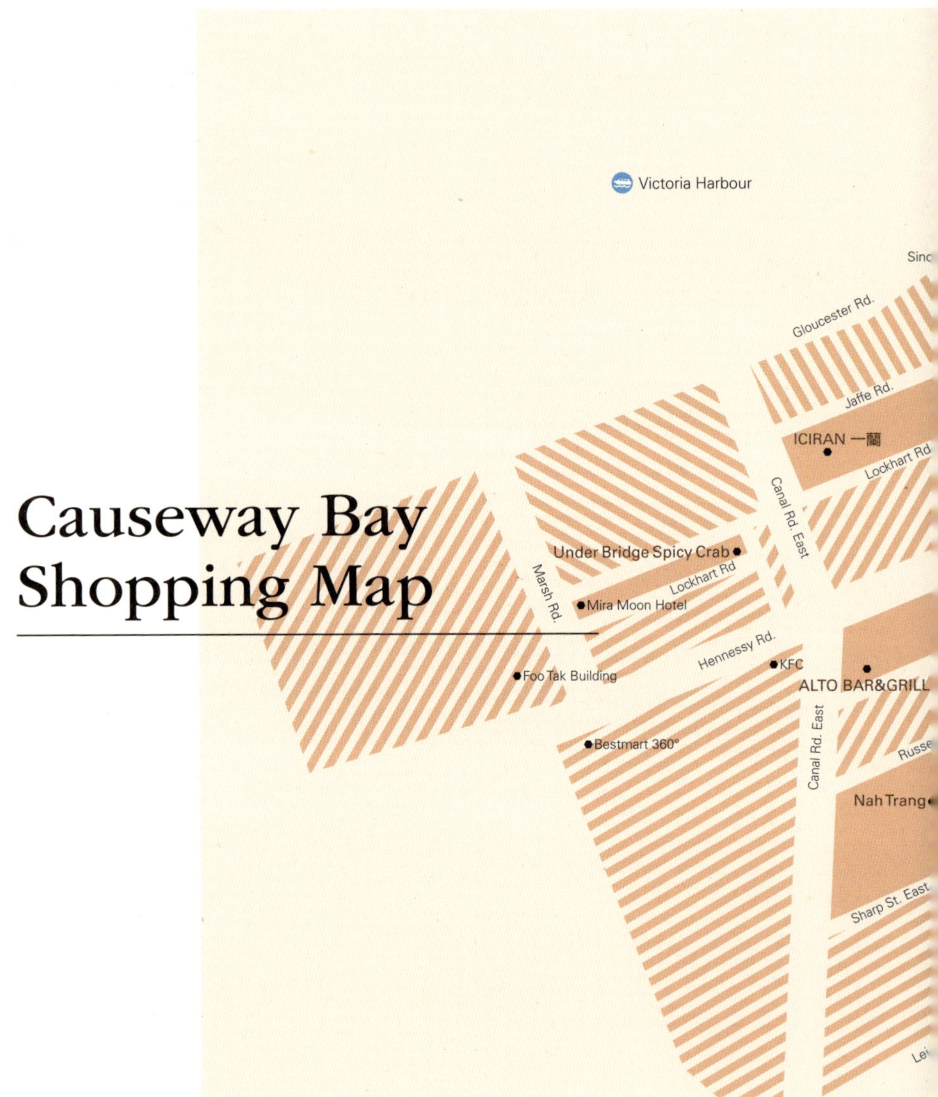

Causeway Bay
Shopping Map

코즈웨이 베이 쇼핑 지역은 크게 타임스 스퀘어 주변과 패션 워크 주변으로 모두 MTR 코즈웨이 베이 역에서 해당 출구를 통해 찾아갈 수 있다. 타임스 스퀘어를 시작으로 주변의 리 시어터, 리 가든스, 하이산 플레이스를 둘러 보고 헤네시 로드를 건너 소고, 패션 워크로 넘어가거나 반대로 패션 워크에서 시작하는 동선으로 이동하면 좋다. 쇼핑몰을 선호한다면 타임스 스퀘어, 리 가든스 주변으로, 쇼핑 스트리트의 개별 매장을 둘러보고 싶다면 패션 워크, 소고 주변으로 가면 된다.

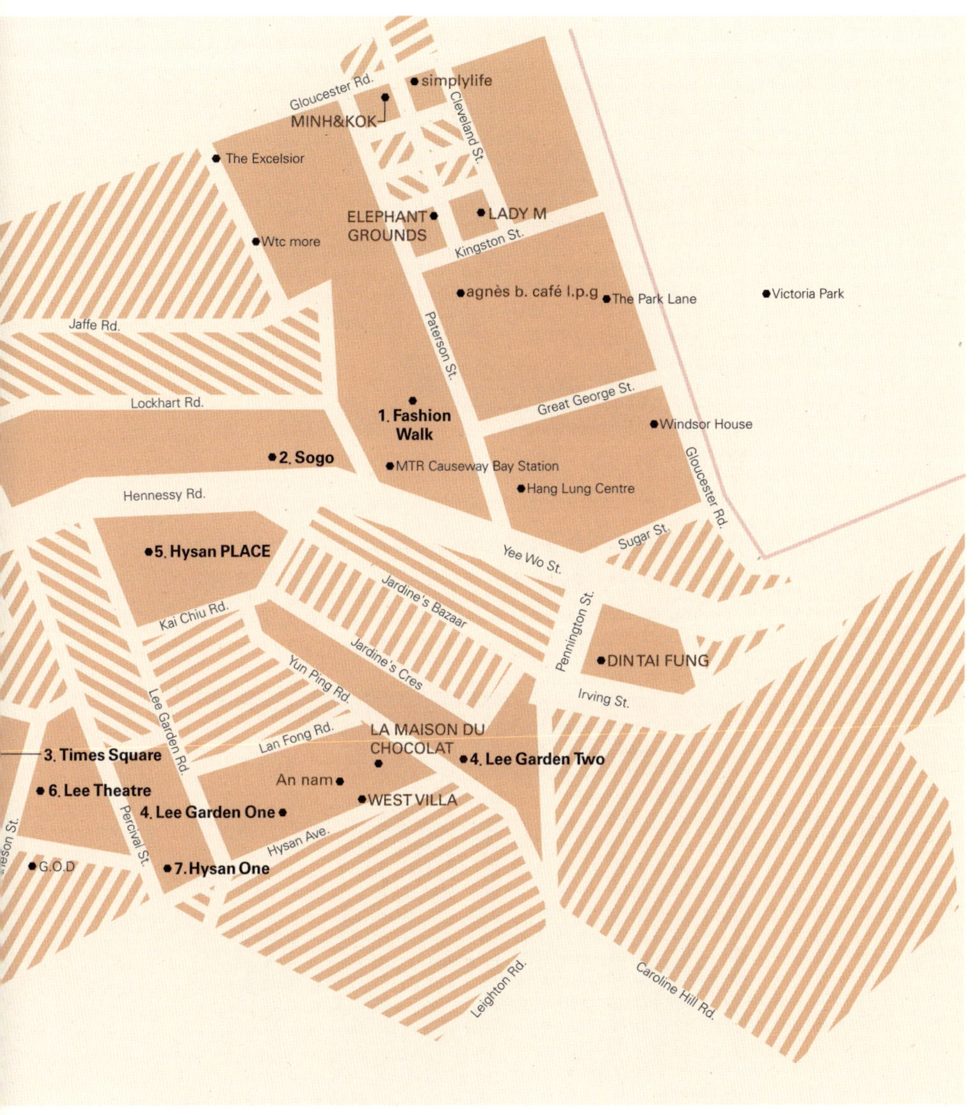

1 Fashion Walk 패션 워크	**5 Hysan Place** 하이산 플레이스
2 SOGO 소고	**6 Lee Theatre** 리 시어터
3 Times Square 타임스 스퀘어	**7 Hysan One** 하이산 원
4 Lee Gardens 리 가든스	

Section

코즈웨이 베이 쇼핑 구역은 트램이 양방향으로 오가는 헤네시 로드
Henessy Rd.를 기준으로 빅토리아 공원 방향의 소고SOGO, 패션 워크 지
역과 반대편의 하이산 플레이스, 리 가든스, 타임스 스퀘어 지역으로
나눌 수 있다. 두 방향 모두 MTR 코즈웨이 베이 역과 연결되므로 목적
지에 맞는 출구를 찾아 나가면 된다.

Brands

타임스 스퀘어, 리 가든스에는 샤넬, 루이비통, 디올, 로저비비에 같은
럭셔리 디자이너 브랜드 매장이 있고, 패션 워크, 하이산 플레이스에
는 오프 화이트, 꼼 데 가르송, 이자벨마랑, 룰루레몬 같은 개성 있고
캐주얼한 브랜드와 이케아, 로그온 같은 잡화 매장들이 있다.

센트럴이 서양인들이 주로 찾는 쇼핑 지역인데 비해 이 지역은 홍콩 현지인들과 중국 본토 사람들이 쇼핑을 위해 많이 찾는 곳이다. 어린이 동반 고객이라면 타임스 스퀘어의 스미글, 레고 매장과 리 가든스의 키즈 전문 층을 방문하면 좋다.

코즈웨이 베이는 명품 매장부터 영캐주얼, 스포츠, 스트리트 브랜드 매장까지 다양한 가격대의 상품이 쇼핑 가능하다. 쇼핑 예산이 넉넉하다면 타임스 스퀘어, 리 가든스를 방문하고 소소한 쇼핑을 원한다면 리시어터, 하이산 플레이스, 패션 워크로 가자.

Fashion Walk
Shopping Map

패션 워크 名店坊

패션 워크는 코즈웨이 베이 패션의 중심지다. MTR 코즈웨이 베이 역 E 출구로 나오면 만나는 그레이트 조지 스트리트Great George St.를 시작으로 막스 마라Max Mara 건물 좌측으로 뻗은 패터슨 스트리트Paterson St.와 그 일대 킹스턴 스트리트Kingston St., 클리블랜드 스트리트Cleveland St.를 아우르는 쇼핑 구역이다.

젊은 층이 좋아하는 개성 있는 브랜드와 스포츠 브랜드 매장, 작은 편집숍 등 볼거리가 많다. 2015년에는 아시아 최대의 에이치 앤 엠H&M 매장이 패션 워크에 새롭게 오픈하면서 더 많은 쇼핑객의 주목을 받는 지역이 되었다. 패션 매장뿐만 아니라 이케아IKEA, 프랑프랑Francfranc 등의 인테리어 매장, 장난감 체인 토이저러스ToysRus 매장까지 있어 이 일대를 관광하며 빈손으로 돌아오기는 쉽지 않을 것이다.

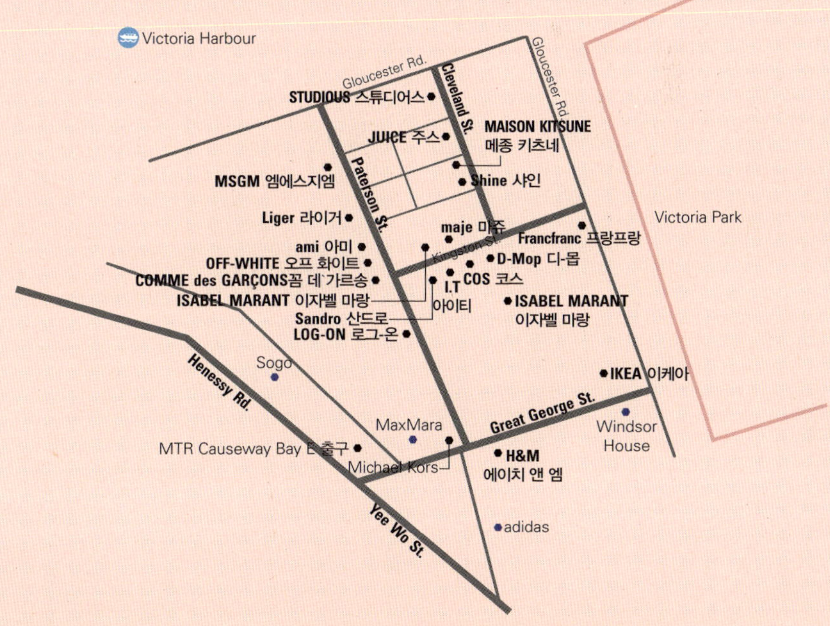

H&M
에이치 앤 엠

2015년 10월 오랜 공사 끝에 문을 연 H&M의 홍콩 플래그십 스토어. 총 4층의 자이언트 매장으로 남성, 여성, 아동 패션은 물론 인테리어 용품을 모두 갖추고 있는 아시아 최대 규모다.

Address. Hang Lung Centre, 2–20 Paterson St, Causeway Bay **Location.** MTR Causeway Bay 역 E 출구에서 좌측으로 직진, 도보 3분 **Tel.** 852–2337–3400 **Open.** 일–목요 일 10:30–23:00, 금–토요일 10:30–24:00 **www**.hm.com

COMME des GARÇONS
꼼 데 가르송

Address. Shop A&C, GF, 51 Paterson St, Causeway Bay **Location.** MTR Causeway Bay 역 E 출구에서 도보 5분 **Tel.** 852–2362–9411 **Open.** 12:00–22:00 **www.comme-des-garcons.com**

일본 패션을 대표하는 디자이너 브랜드 꼼 데 가르송. 패션 워크 한가운데인 패터슨 스트리트와 킹스턴 스트리트의 교차로에 매장이 있다. 센트럴 지역 아이스 하우스 스트리트 매장에 비해서는 다소 작은 규모다. 간판이 없는 하얀 건물에 매장이 입구와 떨어져 있는 구조가 이색적이다. 오프 화이트 매장과 한 건물에 나란히 있으니 함께 들러 보기 좋다.

OFF-WHITE
오프 화이트

카니예 웨스트_{Kanye West}의 스타일 어드바이저로 활약한 디자이너 버질 아블로_{Virgil Abloh}가 2014년 론칭한 스트리트 패션 브랜드. 외국에서는 최초로 홍콩 패션 워크에 단독 매장을 열었다. 하얀 건물에 글자 하나 없이 오프 화이트의 트레이드 마크인 흰색과 검정의 사선 무늬로만 만든 간판이 달려 있다. 매장 입구에 들어서면 푸른 열대림이 런웨이처럼 펼쳐진다. 패터슨 스트리트의 꼼 데 가르송 매장과 나란히 자리잡고 있다.

Address. 51 Paterson St, Causeway Bay **Location.** MTR Causeway Bay 역에서 도보 5분 **Tel.** 852–2362–9761 **Open.** 12:00–22:00 **www**.off–––white.com

sandro 산드로

Address. 2–4 Kingston St, Fashion Walk, Causeway Bay **Location.** MTR Causeway Bay 역에서 도보 3분 **Tel.** 852–2972–2115 **Open.** 10:30–22:00 **stores.**sandro–paris.com

패션 워크에 가장 최근에 오픈한 프랑스 컨템포러리 브랜드 산드로의 대형 매장. 이자벨 마랑에 비해 낮은 가격에 자연스러우면서 절제된 프렌치 시크 스타일로 프랑스를 비롯한 세계 각국에서 대중적인 사랑을 받고 있다.

ami 아미

디올 옴므, 지방시, 마크 제이콥스에서 경력을 쌓은 프랑스 디자이너 알렉산드르 마티우시Alexandre Mattiussi가 2011년 론칭한 남성복 브랜드로 남성 패션 피플 사이에서 핫한 브랜드이다. 디자이너의 이름에서 가져온 브랜드명 아미는 프랑스어로 친구라는 의미기도 한데 편하고 친숙한 느낌의 브랜드를 만들고 싶은 디자이너의 뜻이 담겨 있다. 과장되지 않은 편하고 고급스러운 캐주얼 의상을 볼 수 있는 매장.

Address. Shop A, GF, 42–48 Paterson St., Fashion Walk, Causeway Bay **Tel.** 852–2662–1361
Open. 12:00–22:00 **www.ithk.com/eng/html/brands/AMI**

MSGM 엠에스지엠

이탈리아의 캐주얼 브랜드 엠에스지엠의 홍콩 단독 매장. 외국에서는 처음으로 오픈했고, 세계적으로도 밀라노 다음으로 연 엠에스지엠의 두 번째 매장이다. 젊은층이 선호하는 트렌디한 디자인과 다양한 소재와 패턴을 믹스 매치한 아이템으로 가득하다. 매 시즌 핫한 아이템으로 주목 받는 브랜드.

Address. Shop A, GF, 57 Paterson St, Causeway Bay **Location.** MTR Causeway Bay 역에서 도보 5분 **Tel.** 852-2456-4913 **Open.** 12:00-22:00
www.msgm.it

shine 샤인

홍콩과 중국에서 가장 인기 있는 편집숍으로 매 시즌 트렌드를 선도하는 젊고 개성 있는 브랜드를 전 세계에서 바잉한다. 레인 크로포드나 조이스에 원하는 브랜드가 없다면 이곳에서 찾아보자. 오 주르 르 주르Au Jour Le Jour, 아미ami, 아시시ASHISH, 토가 풀라TOGA PULLA, 프린PREEN, 마니시 아로라manish arora 등 개성 강한 신진 디자이너 브랜드가 많다.

Address. Shop B, GF, 5–7 Cleveland St, Fashion Walk, Causeway Bay **Location.** MTR Causeway Bay 역에서 도보 5분 **Tel.** 852–2890–8261 **Open.** 12:30–22:00 **www.** shinegroup.com.hk

Liger 라이거

유행에 민감한 트렌드 세터에게 인기 있는 편집숍으로 유럽, 미국, 아시아에서 매 시즌 가장 주목받는 디자이너의 브랜드를 수입한다.
앨리스 맥콜alice McCall, 안드레아 크루ANDREA CREWS, 샬라얀Chalayan, 칩 먼데이CHEAP MONDAY, 에뜨르 세실être cécile, 하우스 오브 홀랜드HOUSE OF HOLLAND, 스워시SWASH, 튀 에 몽 트레저Tu es mon TRÉSOR, 베로니크 레로이Véronique Leroy 등 개성 강한 디자이너의 제품이 작은 매장 안에 빼곡히 걸려 있다.

Address. Shops A&C, GF, 55 Paterson St, Fashion Walk **Location.** MTR Causeway Bay 역에서 도보 5분 **Tel.** 852–2503–5308 **Open.** 12:00–22:00 www.ligerstore.com

D-Mop 디-몹

세계 각국의 신진 디자이너 브랜드를 모아 둔 편집숍으로 홍콩의 젊은 패션 피플들에게 사랑 받고 있다. 센트럴과 패션 워크 두 지역에 매장이 있는데, 취급하는 브랜드는 전혀 다르다. 센트럴 매장이 좀 더 대중적이고 가격대가 높은 브랜드 위주라면, 패션 워크 지점은 캐주얼하고 유행에 민감한 젊은 층을 겨냥한 브랜드가 주를 이룬다. 코콘 투 자이KTZ, 코트COiTE, Y-3, 페이스 커넥션FAITH CONNEXION, 야즈부키YAZBUKEY, 베로니크 르호아 VERONIQUE LEROY, 안드레아 크루ANDREA CREWS, 조이리치JOYRICH 등의 영 브랜드와 아디다스, 뉴발란스, 나이키의 운동화가 입점해 있고, 카이KYE, 고엔 제이GOEN J, 칼 이석태KAAL E SUKTAE 등 다양한 한국 디자이너 브랜드 제품까지 만나 볼 수 있다.

Address. Shop 3, GF&1F, 3 Kingston St, Fashion Walk, Causeway Bay
Location. MTR Causeway Bay 역에서 도보 5분 **Tel.** 852–2505–8982 **Open.**
12:00–22:00 **www.d-mop.com**

MAISON KITSUNE
메종 키츠네

2015년 오픈한 메종 키츠네의 홍콩 플래그십 스토어. 파리지엥의 시크한 스타일 과 뉴욕 스트리트 패션이 어우러진 편안하고 세련된 분위기의 의류를 만날 수 있 는 곳이다. 중국풍의 가구와 조명을 사용해 홍콩 분위기를 살린 인테리어가 특색 있는 매장.

Address. Shop A, GF, 5–7 Cleveland St, Fashion Walk, Causeway Bay **Location.** MTR Causeway Bay 역에서 도보 5분 **Tel.** 852–2764–4933 **Open.** 12:00–22:00 **www.** maisonkitsune.fr

JUICE 주스

스트리트 패션 브랜드를 모아둔 편집숍으로 세계 여러 브랜드들과의 협업 상품과 자체 디자인 브랜드를 볼 수 있는 매장이다. 취급 브랜드로는 자체 브랜드인 클롯CLOT과 아디다스adidas, 에어 조던AIR JORDAN, 부케미BUSCEMI, 컨버스CONVERSE, 페어 오브 갓FEAR OF GOD, 후드 바이 에어HOOD BY AIR, 쿰바KUUMBA, 라로즈LAROSE, 메디컴 토이MEDICOM TOY, 뉴 발란스new balance, 나이키NIKE 등이 있다.

Address. shop A, 9–11 Cleveland St., Fashion Walk, Causeway Bay **Tel.** 852–2881–0173 **Open.** 12:00–22:00 **www.clot.com**

STUDIOUS

스튜디어스

일본 브랜드만 모아 놓은 편집숍으로 일본 전역에 다수의 매장을 갖고 있는 스튜디어스가 일본 이외의 나라에는 처음으로 홍콩에 문을 열었다. 일본에서는 여성과 남성 패션 브랜드를 함께 취급하지만 홍콩에서는 남성 패션 브랜드만 취급한다. 자체 브랜드인 스튜디어스 제품과 언더커버UNDERCOVER, 와코 마리아 WACKO MARIA, 어테치먼트ATTACHMENT, 와이—쓰리Y-3 등 다양한 일본 디자이너 의류를 한 곳에서 볼 수 있다.

Address. Shop A, GF, 42–48 Paterson St., Fashion Walk, Causeway Bay **Tel.** 852–2818–0433 **Open.** 12:00–22:00 **www**.studious–onlinestore.com

Francfranc

프랑프랑

일본계 가구 · 인테리어 전문 브랜드 프랑프랑의 단독 매장. 패션 워크의 끝자락에
위치한 2층 규모의 매장에 가구, 주방 용품, 욕실 용품 등 아기자기하고 귀여운 디
자인의 인테리어 소품과 잡화로 가득하다. 합리적인 가격에 예쁜 디자인의 찻잔과
피크닉 용품, 주방 용품이 인기.

Address. Shop B, GF&1F, 8 Kingston St, Fashion Walk, Causeway Bay **Location.**
MTR Causeway Bay 역에서 도보 5분 **Tel.** 852-3583-2528 **Open.** 11:00–22:00, 금–토
11:00–22:30 **www.**francfranc.com.hk

LOG-ON 로그-온

시티 슈퍼 계열의 생활용품 전문점 로그온의 대형 단독 매장. 미용, 문구, 장난감 등 당장 사고 싶은 아이템으로 가득한 선물 가게 같은 매장이다. 일본에서 수입한 작고 귀여운 문구와 장난감, 화장품과 다양한 아이디어 제품이 많아 구경만으로도 시간 가는 줄 모르게 즐겁다. 토미카, 나노 블럭 등의 장난감, 일본 문구류, 휴대폰 케이스와 여행용품을 볼 수 있다.

Address. Shop F10–16, 1F, 11–19 Great George St, Fashion Walk, Causeway Bay
Location. MTR Causeway Bay 역에서 도보 5분 **Tel.** 852–2833–0935 **Open.** 11:00–
23:00 **www**.logon.com.hk

IKEA 이케아

스웨덴의 가구 브랜드 이케아. 파격적으로 저렴한 가격에 심플하고 실용성 있는 디자인의 가구와 생활용품을 판매해 전 세계적으로 큰 사랑을 받고 있다.
국내를 비롯한 이케아 매장은 보통 큰 매장 부지를 필요로 해 시내에서 떨어져 있지만 코즈웨이 베이 매장은 도심 한가운데에 있어 가볍게 둘러보기 좋다. 부피가 큰 가구 외에도 가벼운 플라스틱 접시, 아동용 인테리어 제품, 장난감, 침구 등 여행 중에도 부담 없이 살 수 있는 제품이 많으니 들러 보기를 추천한다.

Address. Upper Basement, The Park Lane Hong Kong, 310 Gloucester Rd., Causeway Bay **Location.** MTR Causeway Bay 역에서 도보10분 **Tel.** 852–3125–0888 **Open.** 10:30 – 22:30 **www**.ikea.com

I.T
아이티

Address. 2 Kingston St, Causeway Bay **Location.**
MTR Causeway Bay 역 도보 5분 **Tel.** 852–2881–6102
Open. 11:30–22:30 **www.**ithk.com

COS
코스

Address. 2–4 Kingston, Causeway Bay **Location.**
MTR Causeway Bay 역에서 도보 5분 **Tel.** 852–2887–
2397 **Open.** 11:30–22:00 **www.**cosstores.com

ISABEL MARANT
이자벨 마랑

Address. GF&1F, 42–48 Paterson St, Fashion Walk,
Causeway Bay **Location.** MTR Causeway Bay 역에
서 도보 5분 **Tel.** 852–2808–1318 **Open.** 11:00–22:00
www.isabelmarant.com

maje
마쥬

Address. GF, 1–3 Cleveland St, Fashion Walk,
Causeway Bay **Location.** MTR Causeway Bay 역에
서 도보 5분 **Tel.** 852–3422–8265 **Open.** 11:00–22:00
www.maje.com

LEE GARDENS
LEE GARDENS

Lee Gardens
Shopping Map

리 가든스 利園

북적이는 코즈웨이 베이의 쇼핑가에서 조금 벗어난 조용하고 럭셔리한 분위기의 소규모 쇼핑몰. 홍콩 현지의 상류층이 주로 찾는 몰로 관광객이 적어 쾌적하게 쇼핑할 수 있다.

두 개의 건물이 연결된 구조로 리 가든 원과 리 가든 투로 나뉘어 있다. 리 가든 원에는 샤넬 CHANEL, 에르메스HERMÈS, 디올Dior, 루이뷔통Louis Vuitton 등의 명품 브랜드 매장과 레스토랑 층이 있고, 리 가든 투에는 펜디FENDI, 디올 키즈Dior kids, 봉쁘앙Bon point 등의 명품 아동 브랜드와 장난감을 파는 아동 전문 층이 있다. 리 가든 투에 위치한 2층 규모의 아동 전문 코너는 하버 시티의 오션 터미널에 있는 아동 전문 코너만큼이나 다양한 수입 아동 용품 매장을 갖추고 있다.

북적북적한 코즈웨이 베이에서 조용한 레스토랑과 카페를 찾는다면 리 가든 원을 추천한다.

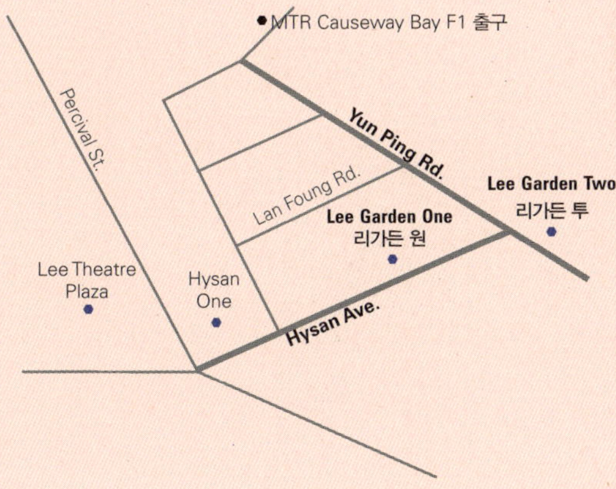

Seed HERITAGE 씨드

호주에서 온 브랜드로 아동 의류, 잡화를 취급한다. 좋은 소재와 디자인, 퀄리티로 아직 매장이 없는 국내에도 입소문이 자자해 아이 옷을 직구나 구매 대행을 통해 구입하는 사람도 많다. 리 가든의 씨드 매장에서는 영아부터 7–8세 정도의 아동 의류, 액세서리를 볼 수 있다.

Location. Lee Garden Two 2F **Tel.** 852–2577–0721 **Open.** 11:00–20:00, 금–일요일 11:00–21:00 **www.seedheritage.com**

ABEBI 아베비

몽클레어, 스텔라 맥카트니, 소니아 리키엘, 아르마니 등 아동 브랜드 편집숍.
이탈리아와 프렌치 디자이너 브랜드의 아동복과 신발로 가득한 매장이다. 매년
여름과 겨울 세일 시즌에는 브랜드별로 30–50%의 세일을 진행한다.

Location. Lee Garden Two 2F **Tel.** 852–2882–1809 **Open.** 11:00–20:30, 토요일
11:00–21:00

BAROCCO 바로코

끌로에Chloe, 보스BOSS, 펜디FENDI 등 유럽 아동복 편집숍
명품 디자이너 아동복 편집숍으로 펜디, 리틀 마크 제이콥스LITTLE MARC JACOBS,
클로이, 보스의 아동 의류와 신발을 판매한다. 세일 시즌에는 30–50%의 할인 혜
택을 받을 수 있다.

Location. Lee Garden Two 2F **Tel.** 852–2577–7938 **Open.** 10:30 – 20:30

mothercare 마더케어

출산 준비, 의류, 장난감 등 육아 제품의 모든 것을 갖춘 영국계 육아용품 매장.
유모차, 젖병, 이불, 로션, 유아용 식기와 장난감, 의류 등 육아에 필요한 모든 물품
을 취급한다. 센트럴 프린스 빌딩과 침사추이 하버 시티 지점보다 매장이 크고 취
급하는 품목이 더욱 다양하다.

Location. Lee Garden Two 2F **Tel.** 852-2504-1088 **Open.** 11:00-21:00 **www.**
mothercare.com.hk

Jellybean 젤리빈

다른 곳에서 보기 힘든 독특한 장난감과 소품을 판매한다. 아동용 인테리어 소품과 장난감을 판매하는 매장으로 세계 각지에서 수입된 독특한 디자인의 장난감, 식기, 패션 액세서리, 코스튬을 볼 수 있다.

Location. Lee Garden Two 2F **Tel.** 852–2907–8116 **Open.** 11:00 – 20:00

WISE KIDS 와이즈 키즈

Location. Lee Garden Two 3F **Tel.** 852–2506 3328 **Open.** 11:00 – 20:00 **www.** wisekidstoys.com

플레이 모빌playmobil을 비롯해 스타이프Steiff, 빌락vilac 등 유럽 장난감이 많은 토이 스토어. 리 가든 투 키즈 패션 전문 층에서 에스컬레이터로 한 층 올라오면 플레이 모빌 매장부터 스타이프 인형 매장까지 이어지는 장난감 천국이 펼쳐진다. 다양한 모델의 플레이 모빌이 구비되어 있어 플레이 모빌 팬이라면 꼭 둘러보면 좋다. 그 외에도 유럽에서 수입된 블럭과 인형, 퍼즐, 만들기 재료 등 디자인과 품질이 좋은 장난감을 판매한다.

CHANEL
샤넬

Location. Lee Garden One G–1F **Tel.** 852–2576–0696 **Open.** 10:30–20:00, 일요일 11:00–20:00
chanel.com

Dior
디올

Location. Lee Garden One B–GF **Tel.** 852–2907–5227 **Open.** 11:00–22:00 **www.**dior.com

HERMÈS
에르메스

Location. Lee Garden One B–1F **Tel.** 852–2907–5227 **Open.** 11:00–20:00, 일, 공휴일 11:00–19:00
www.hermes.com

Roger Vivier
로저비비에

Location. Lee Garden Two G–1F **Tel.** 852–2673–3234 **Open.** 11:00–20:00 **www.**rogervivier.com

GUCCI
구찌

Location. Lee Garden Two G-1F **Tel.** 852-2576-6918 **Open.** 11:00-20:00, 일, 공휴일 12:00-20:00 **www.gucci.com**

GUCCI_Kids
구찌 키즈

Location. Lee Garden Two 2F **Tel.** 852-2808-0829 **Open.** 11:00 - 20:00 **www.gucci.com**

DOLCE&GABBANA
Children
돌체 앤 가바나 칠드런

Location. Lee Garden Two 2F **Tel.** 852-2799-8112 **Open.** 11:00-20:00 **www.dolcegabbana.com**

baby Dior
베이비 디올

Location. Lee Garden Two 2F **Tel.** 852-2885-4566 **Open.** 11:00-20:00 **www.dior.com**

SOGO, Hysan Place
Shopping Map

소고 崇光, **하이산 플레이스** 希慎廣場

소고와 하이산 플레이스는 코즈웨이 베이 중심 도로, 쉴 새 없이 2층 버스와 트램이 오가는 헤네시 로드Henessy Rd.를 사이로 마주 보고 서 있다. 일본 백화점 브랜드 소고SOGO와 최근 오픈한 복합 쇼핑몰 하이산 플레이스Hysan Place는 MTR 코즈웨이 베이Causeway Bay 역과 연결되어 있고, 많은 매장 수를 보유하여 일 년 내내 쇼핑객들이 찾는 쇼핑 플레이스이다.

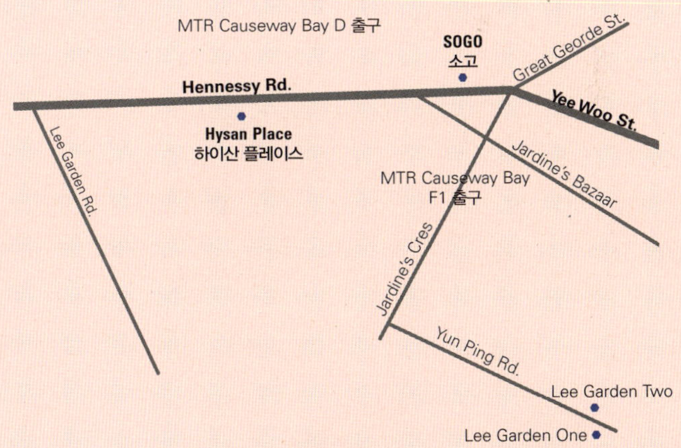

SOGO 소고

일본계 백화점 소고崇光의 홍콩 지점으로 홍콩 로컬 사람들에게 인기가 많은 곳이라, 언제 가도 북적북적 쇼핑객이 가득하다. 홍콩에서 일본 화장품과 의류, 잡화, 장난감, 식기 류, 식료품 쇼핑이 가능한 곳이다. 홍콩의 다른 백화점들이 럭셔리 편집숍과 같아 쇼핑하기 부담스러운 분위기인데 반하여, 소고 백화점은 한국 백화점들과 똑 닮은 매장 구성이라 친숙한 분위기에서 쇼핑을 즐길 수 있다. 지하 2층부터 10층까지 에르메스 같은 고가의 인터내셔널 브랜드부터 일본 중저가 브랜드까지 다양하고 폭 넓은 품목을 갖추고 있다.

Address. 555 Hennessy Rd., Causeway Bay, Hong Kong　**Location.** MTR Causeway Bay역 D1, 2, 3, 4 출구　**Tel.** 852–3620–3235　**Open.** 10:00–22:00　**www**.sogo.com.hk/cwb/en

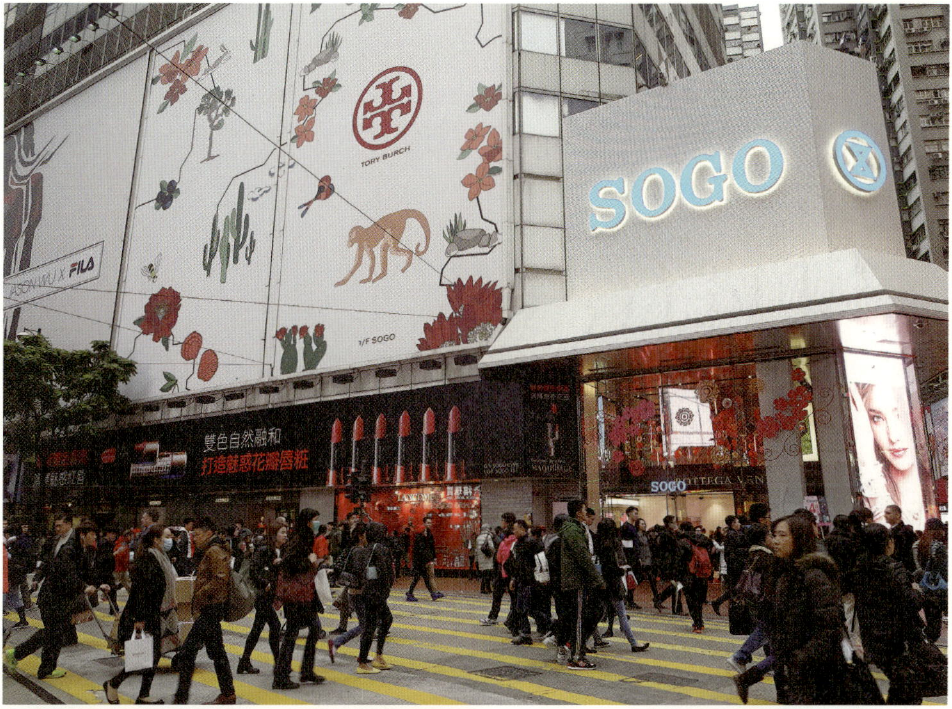
TORY BURCH
1/F SOGO
SOGO
雙色自然融和
打造魅惑花瓣唇粧

ESTEE LAUDER
Advanced
Night Repair
SOGO

SOGO

SOGO
そごう
5x

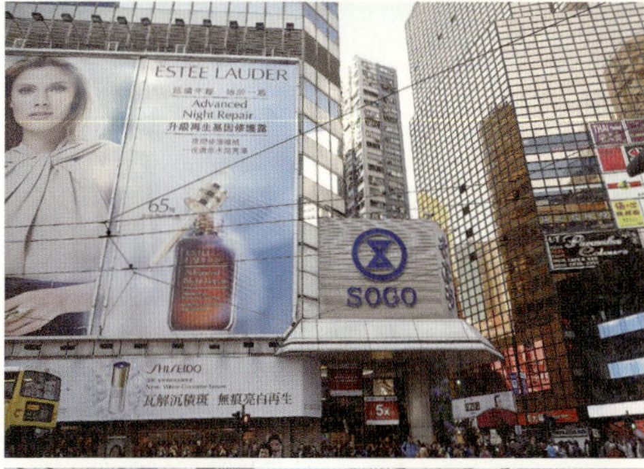

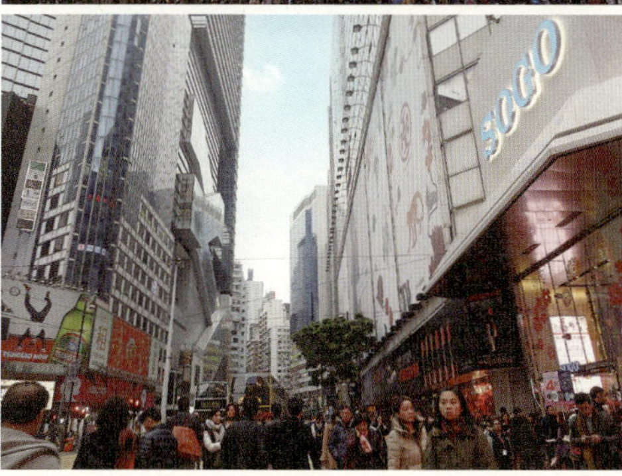

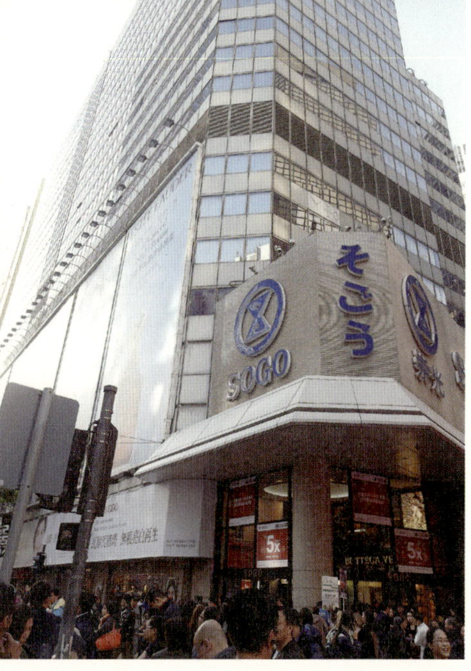

Hysan Place 하이산 플레이스

2012년 코즈웨이 베이 중심에 오픈한 대형 복합 쇼핑몰로, IFC에 이어 애플 스토어 2호점이 하이산 플레이스希慎廣場에 오픈해 화제를 모았다. 요가복 전문 브랜드인 룰루레몬Lulu lemon과 갭GAP, 홀리스터Holister 등 대형 패션 매장을 중심으로 일본 영 캐주얼 브랜드와 대형 서점, 푸드 코트를 갖춰 젊은 쇼핑객들을 불러 모으고 있다.

Address. 500 Hennessy Rd., Causeway Bay, Hong Kong **Location.** MTR Causeway Bay 역 F1, F2 출구 **Open.** 일–목요일 10:00–22:00, 금 · 토 · 공휴일 전날 **https://**hp.leegardens.com.hk

In Hysan Place
하이산 플레이스 내 주요 매장

Apple store
애플 스토어

IFC 매장에 이은 애플 스토어 2호점. 3층 규모의 대형 매장에서 애플의 전 제품을 직접 체험해 보고 구입할 수 있다. 스피커와 키보드, 케이스와 이어폰 등 다양한 애플 관련 상품이 있다.

Address. 500 Hennessy Rd., Causeway Bay **Location.** Hysan Place GF–2F **Tel.** 852–3979–3100 **Open.** 11:00–23:00 **www.apple. com/hk/causewaybay**

lululemon
룰루레몬

탄탄한 소재로 핏이 좋은 요가복 전문점. 다양한 디자인의 운동복과 액세서리를 판매한다. IFC 매장보다 규모가 크고 종류도 많아 선택의 폭이 크다.

Location. Hysan Place 1F **Tel.** 852 2623 6151 **Open.** 10:00–22:00, 금–토요일 10:00–23:00 **www.lululemon.com.hk**

Times Square,
Lee Theatre, One Hysan Avenue
Shopping Map

타임스 스퀘어 時代廣場, 리 시어터 利舞臺, 원 하이산 애비뉴

MTR 코즈웨이 베이 역 A 출구로 나오면 코즈웨이 베이에서 가장 큰 규모의 쇼핑몰, 타임스 스퀘어Times Square와 연결된다. 타임스 스퀘어 1층 화장품 코너를 통해 밖으로 나오면 오른쪽에 유니클로 매장이 있는 소규모 쇼핑몰 리 시어터Lee Theatre 가 나오고, 그 건너편에는 디자이너 브랜드 편집숍 I.T 매장이 있는 하이산 원Hysan One 건물이 있어 함께 둘러보면 좋다. 하이산 원Hysan One이 있는 하이산 애비뉴Hysan Ave. 길을 따라 올라가면 리가든Lee Gardens과 만나게 된다.

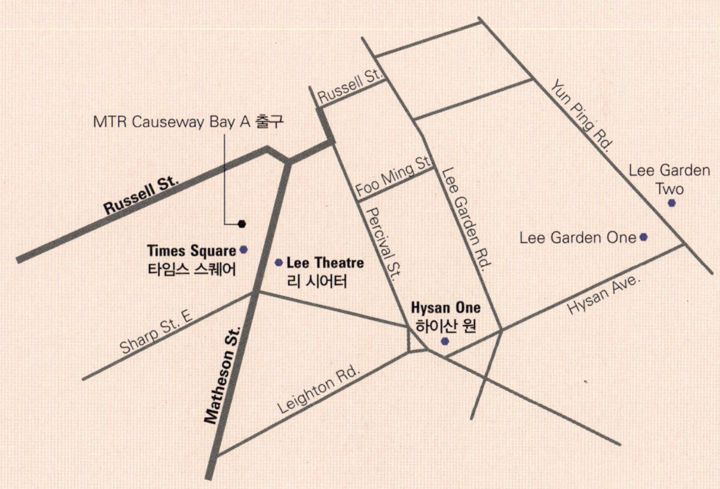

Times Square

타임스 스퀘어

코즈웨이 베이를 대표하는 대형 몰로, 타임스 스퀘어 몰의 시계탑 근처는 홍콩에서도 가장 많은 유동 인구가 오가는 상업 지역으로 홍콩 현지인들과 중국인 쇼핑객들이 많이 찾는다. 지하철 출구와 연결된 몰 내부는 지하 2층부터 지상 13층까지 쇼핑, 레스토랑, 영화관으로 구성되어 있다. 로비 층의 해외 명품 화장품과 패션 브랜드, 인테리어 매장을 갖춘 레인 크로포드Lane Crawford 백화점과 지하 1층의 고급 식재료를 판매하는 일본계 슈퍼마켓 시티 수퍼c!ty'super가 대표 매장. 야외에 설치된 에스컬레이터를 타고 건물 내부로 올라가면 저층에는 명품 브랜드 매장이, 위로 올라가면서 자라Zara와 제이 크루J crew, 막스 앤 스펜서MARKS&SPENCER, 탑 샵TOP SHOP 등의 중저가 수입 의류와 나이키NIKE, 아디다스adidas, 뉴 발란스new balance 등의 스포츠용품, 캘빈 클라인Calvin Klein, 클럽 모나코CLUB MONACO 등의 캐주얼 의류와 전자 제품 매장이 자리 잡고 있다.

타임스 스퀘어는 홍콩 내 다른 몰에 비해 중저가 매장이 주를 이루었으나 최근 들어 루이 비통LOUIS VUITTON, 샤넬CHANEL, 디올Dior, 셀린느CÉLINE, 구찌GUCCI 매장을 오픈하면서 고급화를 꾀하고 있다. 어린이들에게 인기가 많은 문구 잡화 매장인 스미글smiggle과 대형 레고 스토어도 새롭게 오픈해 어린이 동반 고객을 불러 모은다.

Address. 1 Matheson St. Hong Kong Times Square, Causeway Bay, Hong Kong **Location.** MTR Causeway Bay 역 A 출구 **Tel.** 852–2118–8900 **Open.** 10:00–22:00

타임스 스퀘어의 주요 브랜드

Lane Crawford 레인 크로포드

Location. Times Square G층, 1층 **Tel.** 852-2118-2288
Open. 10:00–22:00 **www.lanecrawford.com.hk**

c!ty'super 시티 슈퍼

Location. Times Square 지하 1층 **Tel.** 852–2506–2888
Open. 10:00–22:00 **www.citysuper.com**

J.Crew 제이 크루

Location. Times Square 5층 **Tel.** 852-2295-3080
Open. 11:00–22:00 **www.stores.jcrew.com**

MARKS&SPENCER 막스 앤 스펜서

Location. Times Square 7층 **Tel.** 852-2487-2342 **Open.**
10:00–22:00 **http://global.marksandspencer.com**

TOP SHOP 탑 샵

Location. Times Square 5층 **Tel.** 852-2118-5353 **Open.**
11:00–22:00 **www.topshop.com**

smiggle 스미글

Location. Times Square 지하 2층 **Tel.** 852-2325-5103
Open. 10:00–22:00 **www.smiggle.hk**

Lee Theatre
리 시어터

타임스 스퀘어 주변 소규모 쇼핑몰로 무지MUJI, 유니클로UNIQLO, 코튼 온COTTON ON 등 중저가 기본 아이템을 쇼핑하기 좋은 브랜드가 입점 해 있다. 특히, 한국에 아직 들어오지 않은 호주 캐주얼 브랜드 코튼 온 Cotton On 매장이 큰 인기이다. 여성 요가복, 잠옷 등을 비롯해 아동복이 특히 볼만한데, 디자인이 뛰어난데 비해 가격이 다른 스파SPA 브랜드보 다 저렴하므로 들러 볼 가치가 있다.

Address. 99 Percival St., Causeway Bay, Hong Kong　**Location.** 지하철 MTR Causeway Bay 역 A 출구로 나와 타임스퀘어 Matheson St. 방면　**Tel.** 852–2886–7302 **Open.** 11:00–22:00　**www**.leegardens.com.hk

In Lee Theatre
리 시어터 내 주요 매장

COTTON ON
코튼 온

합리적인 가격에 남 · 여 영 캐주얼 의류와 아동 의류, 스포츠용품과 잡화까지 판매하고 있어 인기가 좋다. 특히, 아동 의류가 저렴한 가격에 질이 좋은 편이라 아이가 있다면 들러볼 만하다. 디자인이 예쁜 저렴한 가격의 운동복, 속옷, 잠옷과 문구 제품도 다양해 적은 예산으로 만족스러운 쇼핑이 가능한 곳이다.

Address. 99 Percival St, Causeway Bay **Location.** Lee Theatre Plaza 2F **Tel.** 852-2557-1110 **Open.** 일-목요일 · 공휴일 11:00-22:00, 금 · 토 · 공휴일 전날 11:00-23:00 **www.cottonon.com**

One Hysan Avenue
원 하이산 애비뉴

리가든과 리 시어터 중간 지점에 있는 원 하이산 애비뉴 빌딩은 위로는 사무실과 학원 등이 들어선 오피스 건물이지만, 건물 중앙에 편집숍인 I.T 매장이 크게 들어서 있어 I.T 빌딩으로도 불린다. 이곳은 편집 브랜드 I.T의 홍콩 최대 규모 매장으로 지하 1층부터 3층까지 4층에 걸쳐 최신 유행을 반영한 남녀 패션 아이템을 판매한다. 지하 1층에는 남성 캐주얼 브랜드 제품들이 진열되어 있고, 로비 층은 이벤트 공간으로 매 시즌 I.T가 주목하는 브랜드들의 팝업 스토어가 열린다. 유리 계단을 올라가면 1, 2층에는 일본 브랜드 중심의 중저가 의류, 3층에는 럭셔리 브랜드의 의류와 액세서리를 볼 수 있다.

취급 브랜드는 발렌티노VALENTINO, 시몬 로샤Simone Rocha, 꼼데 가르송COMME des GARCONS, 이로IRO, 니나리치Nina Ricci, 엠에스지엠MSGM, 마커스 루퍼Marcus Lupfer, 겐조KENZO, 핼무트 랭Helmut Lang, 크리스 반 아셰Kris Van Assche 등이 있다.

Address. 1 Hysan Avenue, Causeway Bay, Hong Kong **Location.** MTR Causeway Bay 역 F1 출구에서 도보 5분. Lee Garden One 루이비통 매장 앞 출구로 나와 왼쪽 아래로 Hysan Rd.를 따라 도보 2분 **Tel.** 852-2890-7012 **Open.** 12:00~22:00

In One Hysan Avenue
원 하이산 애비뉴 내 주요 매장

I.T
아이티

일본, 유럽 디자이너들의 개성 강한
브랜드들을 셀렉트한 편집숍.

Location. One Hysan Avenue 지하 1
층~3층 **Open.** 10:00–22:00 **Tel.** 852-
2890-7329 **www.**ithk.com

Causeway Bay
Restaurant&Cafe

코즈웨이 베이 레스토랑&카페

코즈웨이 베이는 오래된 상업 지구로 홍콩 현지인과 중국에서 온 쇼핑객, 관광객들로 늘 붐비는 지역이다. 그래서 다른 지역에 비해 레스토랑도 서민적이고 캐주얼한 분위기의 오래된 곳들이 많다. 너무 복잡하고 붐비는 곳을 선호하지 않는 여행객이라면 타임스 스퀘어, 리가든 같은 쇼핑몰 안의 레스토랑을, 북적이는 현지 분위기의 레스토랑에서 식사를 원한다면 언더 브리지 스파이시 크랩, 딘타이펑 같은 현지의 오래된 인기 레스토랑을 추천한다.

ALTO BAR&GRILL 알토

유명 인테리어 디자이너 톰 딕슨Tom Dixon의 스튜디오에서 처음으로 레스토랑 디자인을 맡아 화제가 된 곳이다. 테이블과 소파, 조명 모두 톰 딕슨 스튜디오의 제품으로 음식보다도 화려한 인테리어를 보기 위해 찾는 사람이 많다. 고층 빌딩 V Point 31층에 자리 잡아 창밖으로 완차이, 코즈웨이 베이 일대와 빅토리아 피크, 하버 시티가 한눈에 내려다 보인다.

센트럴 인기 스테이크 전문점 비스테카BISTECCA의 셰프였던 마이크 보일Mike Boyle이 이끄는 알토는 USDA 프라임 비프를 사용한 스테이크를 중심으로, 프렌치 요리와 아시아 요리에 영감을 받은 독창적인 메뉴를 선보인다. 점심에는 샐러드 뷔페가 포함된 점심 세트 메뉴를 200~300HK$에 제공한다. 코즈웨이 베이 타임스 스퀘어 맞은편 프라다 매장 뒷골목에 V Point 건물로 들어가는 에스컬레이터가 있다.

Type. Italian cuisine **Address.** 31F, V Point, 18 Tang Lung St, Causeway Bay
Location. MTR Causeway Bay F2 출구에서 도보 5분 **Tel.** 852–2603–7181 **Open.** 런치
12:00–15:00, 디너 18:00–23:00 **www.**diningconcepts.com/restaurants/ALTO

Under Bridge Spicy Crab
언더 브리지 스파이시 크랩

레스토랑 이름처럼, 이곳은 고가 다리 아래의 로컬 해산물 레스토랑이다. 홍콩에 가면 꼭 맛보아야 하는 메뉴로 꼽히는 강렬한 맛의 중국식 칠리 크랩으로 유명한 곳이다. 튀긴 마늘 소스에 뒤덮여 나오는 커다란 집게발의 칠리 크랩과 블랙빈 소스의 조개 볶음, 다진 마늘과 당면을 올린 가리비찜 등이 일품이다.

인원에 따라 게의 크기를 정해 주문하고 맵기도 조절해 주문할 수 있다. 가격은 게 크기에 따라 시가로 매일 다른데, 한 마리당 대략 5만 원에서 8만 원 정도이다. 2인은 스몰, 3~4인은 미디엄, 4인 이상은 라지 사이즈 게를 주문하면 적당하다. 볶음밥을 함께 주문해 칠리 크랩의 마늘 튀김을 올려 먹으면 맛있다. 허름한 로컬 레스토랑이지만 1인당 5만 원 안팎으로 가격이 높은 편이며 새벽까지 영업한다.

Type. Chinese Cuisine **Address.** GF–3F, Ascot Mansion, 421–425 Lockhart Rd., Wan Chai **Location.** MTR Causeway Bay 역 C 출구. Lockhart Rd.를 따라 완차이 방향으로 도보 5분. **Tel.** 852–2834–6268 **Open.** 12:00–6:00 **www**.underspicycrab.com

ICIRAN
一蘭 이치란

일본 인기 돈코츠 라멘 전문점, 이치란의 홍콩점. 완차이에 가까운 코즈웨이 베이 뒷골목, 다소 외진 곳에 있지만 식사 때가 되면 늘 긴 줄이 늘어서는 홍콩의 가장 인기 있는 일본 라멘 전문점이다. 칸막이가 있는 긴 나무 테이블에 앉아 주문 용지에 면의 익힘 정도와 소스 농도, 매운 정도와 파·마늘·기름 양을 적어 주문할 수 있다(한국어 주문 용지가 있으니 자리 안내 시에 요청하면 된다).

주문 용지 작성이 끝나고 자리에 있는 벨을 누르면 가림막 너머로 직원이 주문 용지를 확인하고 음식을 서빙해 주는 시스템으로 혼자 식사하기에도 부담스럽지 않은 곳이다.

Type. Japanese Cuisine **Address.** Lockhart House Block B, 440–446 Jaffe Rd, Causeway Bay **Location.** MTR Causeway Bay 역 C 출구에서 도보 3분 **Tel.** 852–2152–4040 **Open.** 24시간 영업 **hk.**ichiran.com

DIN TAI FUNG

딘 타이 펑

Type. Chinese Cuisine **Address.** Shop G3–11, GF, 68 Yee Wo St, Causeway Bay
Location. MTR Causeway Bay 역 E 출구에서 도보 10분 **Tel.** 852–3160–8998 **Open.**
11:30–22:00 **www**.dintaifung.com.hk

저렴한 가격에 맛있는 샤오롱바우를 맛 보고 싶다면 이곳에 가 보자. 〈뉴욕 타임
스〉가 선정한 세계 10대 레스토랑 중 하나인 대만의 인기 중식 레스토랑 딘 타이
펑의 홍콩 지점으로 관광객과 현지인으로 늘 북적인다. 육즙이 가득한 중국식 만
두 샤오롱바오를 대표 메뉴로, 슈마이와 완탕, 볶음밥과 소고기 면, 탄탄면이 인
기다. 코즈웨이 베이 리갈Regal 호텔 옆에 위치한다.

An nam 안남

리 가든 몰 4층에 있는 베트남 요리 전문점. 베트남 현지에서 공수한 재료로 만든 담백하고 깔끔한 맛의 고급 베트남 요리를 맛볼 수 있다. 스프링 롤과 소고기 쌀국수, 조개 국물이 시원한 레몬 글라스 클램 등 한국인 입맛에 잘 맞을 법한 메뉴가 많은 곳이다.

Type. Vietnamese Cuisine **Address.** 4F, Lee Garden One, 33 Hysan Ave., Causeway Bay **Location.** MTR Causeway Bay 역 F1 출구에서 도보 2분 **Tel.** 852–2787–3922 **Open.** 11:30–23:30 **www**.annam.com.hk

WEST VILLA

웨스트 빌라

홍콩 현지인들이 즐겨 찾는 광둥 레스토랑. 점심에는 다양한 종류의 로컬 딤섬을 맛볼 수 있다. 샤오룽바오와 하가우, 청펀과 쇼마이 등 원하는 종류의 딤섬을 골라 주문 용지에 체크하면 된다. 영어 메뉴판이 따로 준비되어 있다.

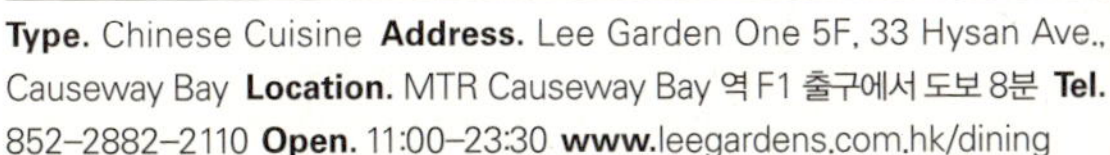

Type. Chinese Cuisine **Address.** Lee Garden One 5F, 33 Hysan Ave., Causeway Bay **Location.** MTR Causeway Bay 역 F1 출구에서 도보 8분 **Tel.** 852-2882-2110 **Open.** 11:00-23:30 www.leegardens.com.hk/dining

LA MAISON DU CHOCOLAT
라 메종 드 쇼콜라

프랑스 명품 수제 초콜릿 브랜드 메종 드 쇼콜라의 카페. 자연광이 들어오는 리 가든 원 중앙 지하에 자리 잡은 카페로, 널찍한 공간에 좌석이 여유롭게 배치되어 있어 편안하게 쉬어 갈 수 있다. 진한 초콜릿 음료와 차, 커피와 함께 다양한 종류 의 마카롱, 케이크 등을 즐길 수 있다.

Type. Café **Address.** Lee Garden One B1, 33 Hysan Ave., Causeway Bay **Location.** MTR Causeway Bay 역 F1 출구에서 도보 8분 **Tel.** 852–2907–2002 **Open.** 10:30–20:30 www.lamaisonduchocolat.com

Nah Trang 나 트랑

홍콩에서 가장 인기 있는 베트남 음식점 나 트랑의 코즈웨이 베이 지점으로, 베트남에서 가져온 재료로 만든 다양한 요리를 맛볼 수 있는 캐주얼 레스토랑이다. 타임스 스퀘어 레스토랑 플로어 푸드 포럼Food Forum 안에 있다. 레인 크로포드 매장 옆 푸드 포럼으로 바로 올라갈 수 있는 전용 엘리베이터를 이용하면 편리하다.

Type. Vietnamese Cuisine **Address.** 13F, Times Square, 1 Matheson St, Causeway Bay **Location.** MTR Causeway Bay 역 A 출구와 연결 **Tel.** 852–2506–2220 **Open.** 12:00–23:00(브레이크 타임16:45–17:45) **www.**nhatrang.com.hk

agnès b. café l.p.g
아네스 베 카페

패션 워크 거리 초입에 새로 문을 연 프렌치 패션 브랜드 아네스 베 매장 안에 자리한 아네스 베 카페. 커피와 마리아주 프레르 Mariage Frères 브랜드의 티와 케이크를 판매한다.

Type. Cafe **Address.** 2–4 Kingston St, Fashion Walk, Causeway Bay **Tel.** 852–2706–3116 **Open.** 12:00–22:00 **www**.agnesb–lepaingrille.com/lpghk/deli/leighton_road

ELEPHANT GROUNDS

엘리펀트 그라운드

최근 빠른 속도로 매장을 늘려 가는 홍콩 인기 커피 전문점. 커피와 아이스크림이
주메뉴인 카페지만 이 지점에서는 식사도 할 수 있다. 샌드위치와 버거, 야키 우
동과 돈가스 등이 준비되어 있다.

Type. Café **Address.** Shop C, GF, Food St, 42–48 Paterson St, Fashion Walk,
Causeway Bay **Location.** MTR Causeway Bay 역 E 출구에서 도보 3분 **Tel.** 852–2562–
8688 **Open.** 10:00–22:00 **www**.elephantgrounds.com

LADY M 레이디 엠

뉴욕 인기 밀 크레이프 케이크 전문점 레이디 엠의 직영 카페가 패션 워크 푸드
스트리트에 문을 열었다. 늘 긴 줄이 늘어서 있는 IFC 몰과 하버 시티의 레이디
엠에 비하면 비교적 대기 시간이 짧은 매장이다. 밀 크레이프와 얼그레이 밀 크레
이프 케이크가 가장 인기가 많다.

Type. Café **Address.** Shop C, Food St., 1–3Cleveland St, Fashion Walk, Causeway
Bay **Location.** MTR Causeway Bay 역 E 출구에서 도보 4분 **Tel.** 852–2861–1866 **Open.**
일–수요일 11:00–22:00, 목–토요일 11:00– 23:00 **www.**fashionwalk.com.hk/en/shop/
index/ladyM

simply life 심플리 라이프

저렴한 가격에 간단히 요깃거리 하기 좋은 메뉴를 갖춘 베이커리 카페다. 각종 빵과 샌드위치, 수프, 샐러드, 주스와 커피를 판매한다.

Type. Café **Address.** Shop A, C&D Food St., 13–15 Cleveland St., Fashion Walk, Causeway Bay **Location.** MTR Causeway Bay 역 E 출구에서 도보 8분 **Tel.** 852–2576–3808 **Open.** 11:00–23:00 simplylife.com.hk

MINH&KOK
민 앤 콕

심플리 라이프에서 운영하는 태국·베트남 요리 레스토랑. 타이와 호치민의 스트리트 푸드를 타이 맥주와 함께 즐길 수 있는 캐주얼한 분위기의 식당으로 다양한 면과 볶음밥, 꼬치 요리 등을 맛볼 수 있다.

Type. Thai Cuisine **Address.** Shop C&D, GF, 66–72 Paterson St, Fashion Walk, Causeway Bay **Location.** MTR Causeway Bay 역 E 출구에서 도보 4분 **Tel.** 852–2267–8366 **Open.** 11:00–23:00 **www.**maxconcepts.com.hk/tc/minh_n_kok.asp

Tsim Sha Tsui

Best Shops

Canton Rd. 캔톤 로드 내 주요 매장
Silvercord 실버코드
Star House 스타 하우스
Harbour City 하버 시티

One Peking 원 페킹
The Sun Arcade 선 아케이드
1881 Heritage 1881 헤리티지
The Peninsula 페닌슐라

Best Restaurants + Cafe

PEKING GARDEN 페킹 가든
yè shanghai 예 상하이
DINTAI FUNG 딘타이펑
Hutong 후통

THE LOBBY 더 로비
T'ang Court 唐閣 탕 코트
aqua 아쿠아
FELIX 펠릭스

카오룽 반도 최고의 번화가

침사추이는 빅토리아 하버 북쪽의 카오룽 반도 최남단 지역으로, 빅토리아 하버를 사이에 두고 홍콩섬의 센트럴과 마주하고 있다. 빅토리아 하버와 맞닿은 침사추이 해안가는 홍콩섬의 야경을 조망하기에 가장 좋은 위치여서 필수 관광지로 꼽히며, 일 년 내내 관광객이 끊이지 않는다.

또한, 카오룽 반도 최고의 번화가로 많은 대형 쇼핑몰과 호텔, 로컬 상점이 빼곡히 들어서 있어 늦은 시각까지 화려한 네온 사인으로 번쩍이는 지역이기도 하다. 센트럴이 현대적이고 잘 정돈된 건물들이 늘어선 세련된 분위기라면, 침사추이는 예전부터 있던 오래된 건물들 사이사이로 최근 지어진 현대적인 건물이 섞인 복잡한 분위기의 거리이다.

Tsim Sha Tsui Shopping Map

카오룽 반도 최남단의 침사추이는 스타 페리Star Ferry 침사추이 부두, MTR 침사추이 역을 중심으로 상권이 형성되어 있다. 스타 페리 침사추이 부두로 나오면 왼편에 바로 보이는 스타 하우스Star House를 시작으로 캔톤 로드를 따라 하버 시티와 페킹 로드의 명품 매장이 이어진다. 1881 헤리티지에서 페닌슐라가 있는 네이던 로드 쪽으로 가려면 지하도를 이용해 길을 건너야 한다.

1 **Canton Rd.** 캔톤 로드

2 **Harbour City** 하버 시티

3 **Nathan Rd.** 네이던 로드

4 **Peking Rd.** 페킹 로드

5 **Salisbury Rd.** 솔즈베리 로드

Section

침사추이는 카오룽 반도를 대표하는 최고의 상업 지역답게 다양한 종류의 상점들이 몰려 있다. 스타 페리Star ferry 정류장을 나서면 바로 보이는 홍콩 최대 규모의 쇼핑몰인 하버 시티를 시작으로 캔톤 로드Canton Rd.와 네이던 로드Nathan Rd.를 따라 크고 작은 쇼핑몰과 로컬 상점이 빼곡히 들어서 있다.

Brands

캔톤 로드와 페킹 로드에는 럭셔리 브랜드 매장이, 하버 시티에는 다양한 종류의 브랜드가, 실버코드와 선 아케이드에는 영캐주얼 브랜드와 아웃렛 매장이 있다.

동양과 서양, 오래된 것과 새로운 것이 공존하는 침사추이. 강렬하고 독특한 매력으로 홍콩을 대표하는 지역 중 하나로 꼽히며, 관광객들에게 사랑받는 곳이다.

침사추이에는 럭셔리 브랜드부터 스파SPA 브랜드, 아동, 스포츠, 전자제품 브랜드는 물론 아웃렛까지 다양한 품목의 매장이 있어 개개인의 예산에 맞는 쇼핑이 가능하다. 관광객이 많이 몰리는 지역이라 레스토랑, 카페의 식사 예산은 높게 잡아야 한다.

LOUIS VUITTON
TAXI

Canton Rd., Silvercord, Star House, Harbour City Shopping Map

캔톤 로드, 실버코드, 스타 하우스, 하버 시티

침사추이를 대표하는 쇼핑 로드에 크고 작은 쇼핑몰의 대표 매장들이 큰 규모로 줄지어 자리 잡고 있는 지역. 홍콩 최대 규모인 하버 시티를 메인으로 스타 하우스, 실버코드, 선 아케이드, 1881 헤리티지 건물과 애플 스토어가 있다.

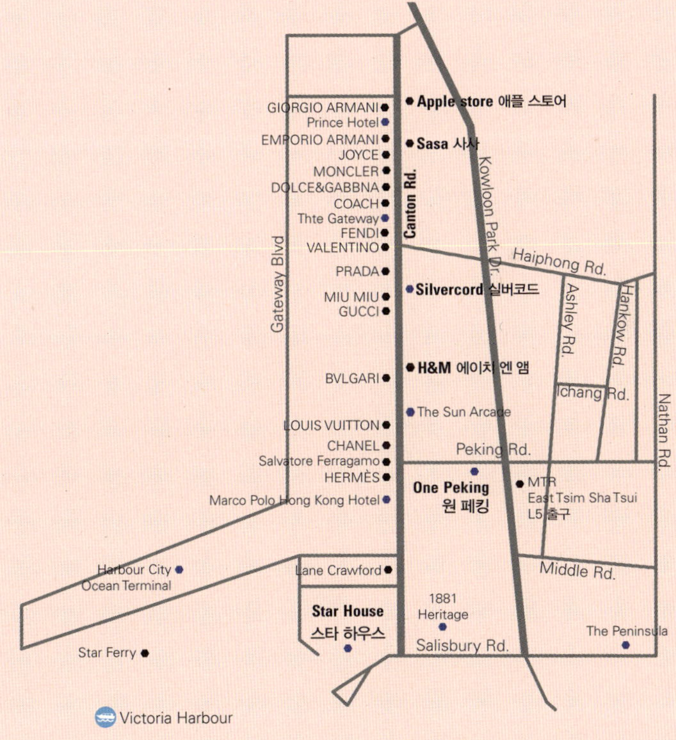

Canton Rd.
캔톤 로드

침사추이 쇼핑의 중심이 되는 거리로, 홍콩 최대 규모의 쇼핑몰인 하버 시티가 캔톤 로드를 따라 길게 자리 잡고 있고 샤넬, 에르메스, 루이비통, 디올 등 럭셔리 브랜드 매장이 빼곡하게 들어서 있다. 맞은편에는 애플 스토어와 H&M을 비롯한 중저가 의류, 화장품, 아웃렛 매장 등이 있다.

In Canton Rd.
캔톤 로드 내 주요 매장

Apple Store
애플 스토어

홍콩 섬 센트럴 IFC 매장에 이어 두 번 째로 오픈한 카오룽 지역의 유일한 애플 스토어.

Address. 100 Canton Rd., Tsim Sha Tsui, Kowloon **Location.** MTR East Tsim Sha Tsui 역 L5출구, East Tsim Sha Tsui 역 L5 도보 5분. 하버 시티 엠포리오 아르마니 매장 맞은편 건물 **Tel.** 852-3979-8800 **Open.** 9:00-23:00 **www. apple.com**

PORTS 1961
포츠 1961

홍콩에 단 하나뿐인 포츠 플래그십 스토어. 5층 규모의 단독 매장으로 1 · 2층에는 남성 의류, 3 · 4층에는 여성 의류, 5층에는 정장풍의 PORTS 라인을 판매한다.

Address. 120 Canton Rd., Tsim Sha Tsui, Kowloon **Location.** MTR East Tsim Sha Tsui 역 L5 출구, East Tsim Sha Tsui 역 L5 도보 5분. Apple Store 옆 건물 **Tel.** 852-3521-1171 **Open.** 10:00-22:00 www.ports1961.com

Silvercord 실버코드

캔톤 로드를 따라 하버 시티 맞은편에 자리한 실버코드는 하버 시티 건물과도 바로
연결되어 있다. 1층의 H&M 매장과 명품 디자이너 브랜드 편집숍인 I.T, I.T 아웃렛,
화장품 전문점 사사sasa 등이 입점되어 있으며 지하의 푸드코트, 3층에 있는 인기 레
스토랑 딘타이펑DINTAI FUNG에 오는 쇼핑객이 많아 늘 북적인다.

Address. 30 Canton Rd., Tsim Sha Tsui, Kowloon. **Location.** MTR Tsim
Sha Tsui 역 A1, C1, C2. East Tsim Sha Tsui 역 L5 출구 **Tel.** 852–2735–9208
Open. 12:00–22:00 **www**.silvercord.hk

I.T
아이티

꼼 데 가르송COMME des GARÇONS, 준야 와 타나베JUNYA WATANABE 같은 일본 디자이너 브랜드와 이자벨 마랑ISABEL MARNT, 시몬 로샤Simone Rocha, 로샤스ROCHAS 등 유럽 디자이너 브랜드, 아크네 스튜디오Acne Studios, 헬무트 랭HELMUT LANG을 비롯한 캐주얼 브랜드까지 폭 넓은 디자인의 의류와 액세서리를 취급하는 편집숍이다.

Location. 실버코드 B1F. LG16–17 **Tel.** 852–2730–7681 **Open.** 12:00–22:00 **www.ithk.com**

I.T Outlet
아이티 아웃렛

침사추이 아이티 아웃렛은 비교적 최신의 제품들이 입고되어 합리적인 가격에 디자이너 브랜드의 옷을 쇼핑할 수 있다.

Location. 실버코드 3층 301 **Tel.** 852–2730–0816 **Open.** 12:00–22:00 **www.ithk.com**

Star House 스타 하우스

Address. 3 Salisbury Rd., Tsim Sha Tsui, Kowloon **Location.** 스타 페리 침사추이 부두 도보 2분. MTR East Tsim Shan Tsui 역 L6 출구

스타 페리 침사추이 부두에서 밖으로 나오면 왼쪽에 가장 먼저 보이는 스타 하우스 건물. 1층에는 망고 주스로 유명한 허유산HUI LAU SHAN과 드러그 스토어 왓슨스watsons가, 2 · 3층에는 최근 대형 서점이 오픈해 많은 사람이 찾고 있다.

In Star House
스타 하우스 내 주요 매장

Eslite Spectrum
에슬릿 스펙트럼

스타 하우스에서 꼭 가 봐야 할 곳으로 대만계 대형 서점 체인이다. 대만 서적 외에도 다양한 디자인 상품과 문구, 오가닉 차와 비누 등을 판매해 요즘 주목받는 라이프 스타일 스토어로 인기를 모으고 있다. 원목으로 만든 오르골, 홍콩 스타일의 디자인 문구류, 다양한 종류의 만년필과 참신한 디자인의 카드 등 합리적인 가격에 즐거운 쇼핑을 즐길 수 있는 곳이다. 기념품이나 선물을 고르기에도 좋은 매장이다.

Location. 2 · 3F, Star House(하버 시티 Star Annex) **Open.** 10:00–22:00
Tel. 852-3419-1088 **www**.eslitecorp.com

Harbour City

하버 시티 *Location. 402p*

침사추이 페리 부두 옆, 빅토리아 하버와 캔톤 로드Canton Rd. 사이에 길게 자리 잡은 홍콩 최대 규모의 쇼핑몰.
450여 개의 매장과 60여 개의 레스토랑, 세 개의 호텔, 10동의 오피스 빌딩과 2동의 아파트, 크루즈 터미널이
모두 하버 시티의 한 지붕 아래에 속해 있다. 규모가 너무 커서 5개의 구역으로 나누어진 쇼핑 공간에는 럭셔리
패션 브랜드부터 스포츠 브랜드, 아동 브랜드, 보석과 시계 브랜드와 뷰티 브랜드, 전자 제품 상가와 대형 서점,
슈퍼마켓까지 폭넓은 상품 구성으로 한곳에서 모든 쇼핑이 가능하다.
홍콩과 카오룽 지역을 오가는 스타 페리 여객선의 침사추이 부두 바로 옆에 위치해 쇼핑뿐만 아니라 관광지로
서도 인기가 많아 늘 많은 사람으로 붐빈다. 주말이나 공휴일은 매우 혼잡해 가능하면 피해 가는 것이 좋다.

Address. 3-27 Canton Rd., Tsim Sha Tsui, Kowloon(海港城, 九龍尖沙咀廣東道 3-27
號) **Location.** 스타 페리 침사추이 Tsim Sha Tsui 부두, 지하철 MTR 침사추이 Tsim Sha Tsui
역 A1 출구, 침사추이 이스트 Tsim Sha Tsui East 역 L5 지하철 **Tel.** 852-2118-8666 **www.
harbourcity.com.hk**

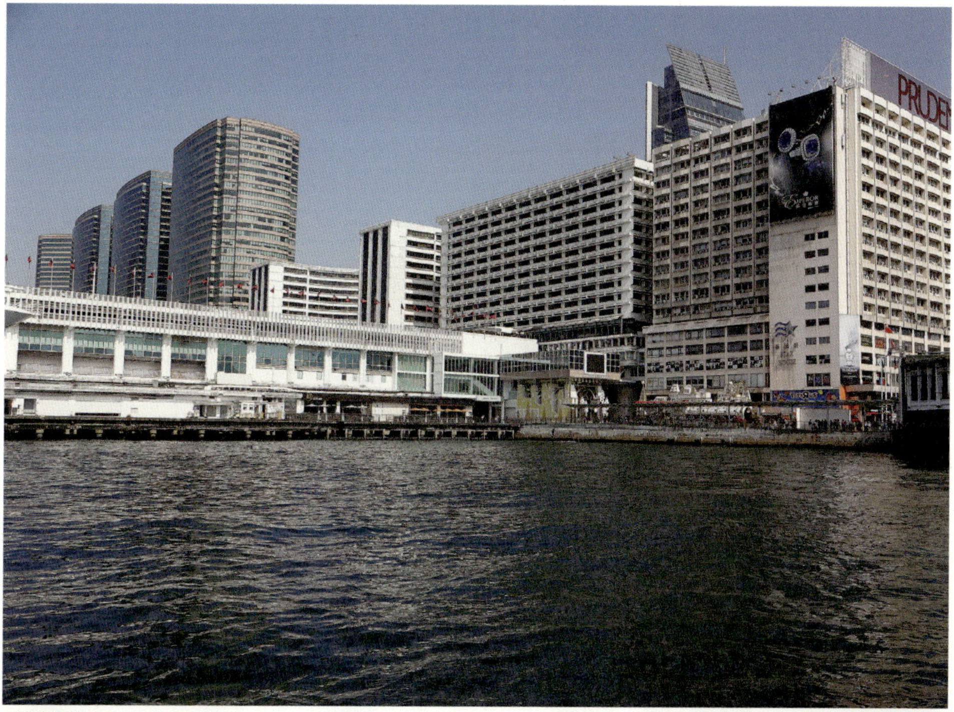

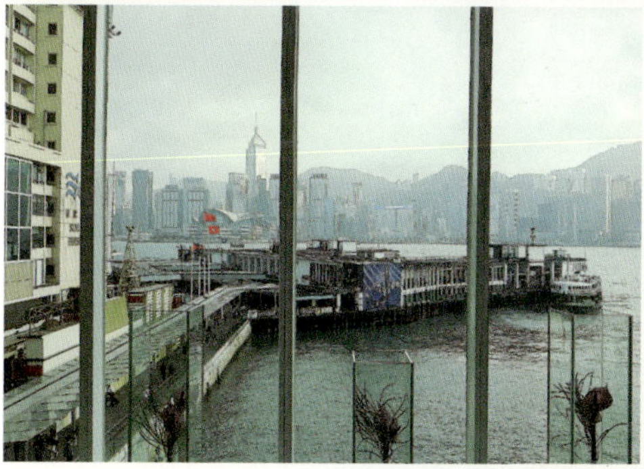

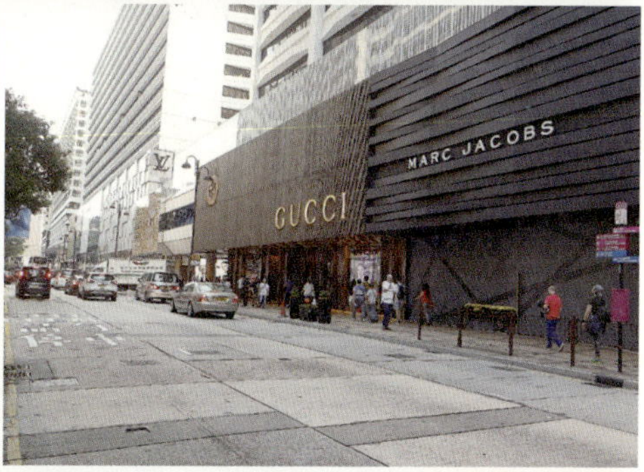
MARC JACOBS
GUCCI

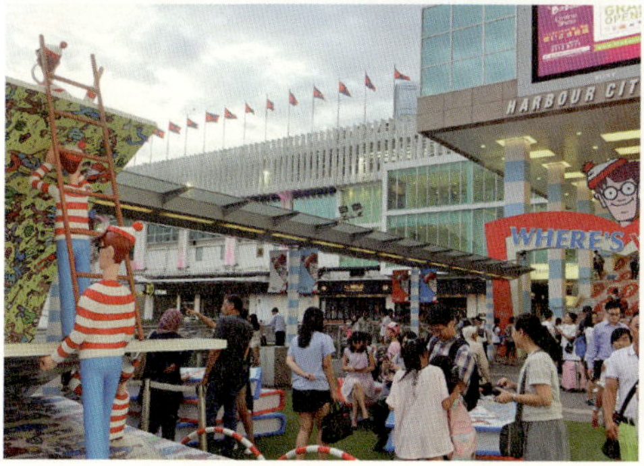
WHERE'S

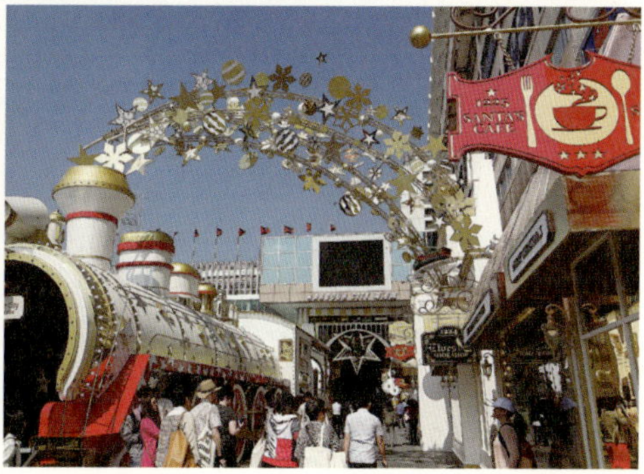

Ermenegildo Zegna
Cartier
Cartier
Cartier
Cartier
Peking Road
北京道

One Peking, The Sun Arcade Shopping Map

원 페킹, 선 아케이드

캔톤 로드의 샤넬 매장 맞은편에는 페킹 로드Peking Rd.가 있고, 양쪽으로 디올, 미우미우 매장이 있는 원페킹One Peking 건물과 캐주얼 브랜드 편집숍, 명품 아웃렛 매장, 면세점이 있는 선 아케이드The Sun Arcade, 랭험 호텔The Langham이 있다. 홍콩은 일반 매장들도 모든 상품을 면세 가격에 판매하므로 굳이 면세점을 찾아갈 필요는 없다.

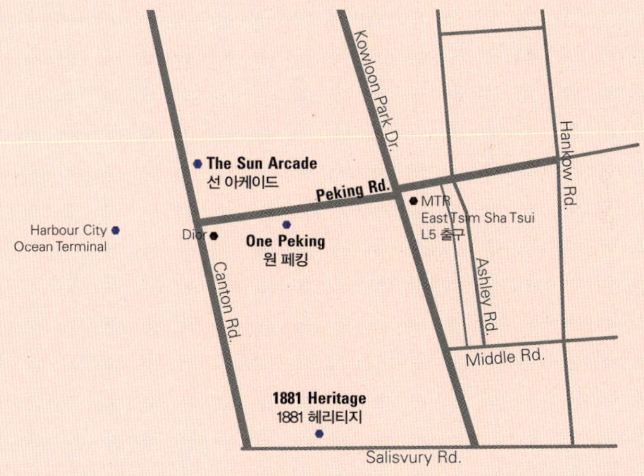

One Peking 원 페킹

Address. one peking, 1 Peking Rd., Tsim Sha Tsui, Kowloon **Location.** MTR East Tsim Sha Tsui L5 출구 도보 1분, 스타 페리 침사추이 부두 도보 5분 **Open.** 매장별 상이 **www. onepeking.com.hk**

캔톤 로드의 샤넬 매장 건너편에 보이는 크리스찬 디올 매장을 시작으로 페킹 로드를 따라 세워진 현대적인 유리 건물의 원 페킹은 아래층에는 디올, 미우미우 등 패션 브랜드의 플래그십 스토어 매장이, 건물 고층에는 빅토리아 하버 전망의 유명 레스토랑 아쿠아Aqua(29–30층)와 후통Hutong(28층)이 있다.

In One Peking
원 페킹 내 주요 매장

Dior
디올

프랑스의 역사 깊은 럭셔리 패션 하우스 크리스찬 디올의 홍콩 대표 매장. 지하 1층에는 남성 라인인 디올 옴므 매장이, 지상 1,2층에는 여성복과 가방, 신발 등의 패션 액세서리가 진열되어 있다.

Location. MTR East Tsim Sha Tsui 역 L5 출구. 하버 시티 캔톤 로드 샤넬 매장 맞은편 **Tel.** 852-3417-3002 **Open.** 11:30-20:30

miu miu 미우미우

이탈리아 럭셔리 캐주얼 브랜드 미우미우의 매장으로 홍콩에서 가장 큰 규모의 미우미우 매장. 크리스털이 박힌 반짝이는 구두와 백, 귀여운 디자인의 의류로 가득하다.

Location. MTR East Tsim Sha Tsui 역 L5 출구. 하버 시티 샤넬 맞은편, 디올 건물 **Tel.** 852-3417-3111 **Open.** 10:30-20:00, 목-토요일 10:30-21:00

The Sun Arcade

선 아케이드

Address. 28 Canton Rd., Tsim Sha Tsui, Kowloon **Location.** MTR Tsim Sha Tsui 역
E 출구, East Tsim Sha Tsui 역 L5 출구 도보 3분 **Open.** 매장별 상이 **www.**thesunarcade.
com.hk

캔톤 로드를 따라 하버 시티 맞은편에 실버코드와 나란히 위치한 선 아케이드는
규모는 작지만 지하 1, 2층의 캐주얼 브랜드와 명품 아웃렛 매장이 볼만하다.

In The Sun Arcade
선 아케이드 내 주요 매장

twist
트위스트

선 아케이드 지하 2층에는 명품 아웃렛 체인점 트위스트가 입점해 있다. 구찌, 페라가모 생로랑, 프라다, 토즈 등의 브랜드 신발을 30%~50% 할인가에 판매한다. 신발 외에도 발렌시아가, 생로랑, 디올, 로저 비비에, 발렌티노의 가방, 액세서리도 취급하며 시기에 따라 추가 할인 행사를 하므로 들러보면 좋다.

Location. B2F, B02–03 **Tel.** 852–2377–2880
Open. 12:00–22:00 **www.twist.hk**

D-mop
디-몹

수입 영캐주얼 브랜드와 스포츠 의류를 모아 놓은 편집숍 디 몹도 가 볼만하다. 특별한 디자인의 뉴발란스, 나이키, 아디다스, 리복 등 운동화와 백팩, 티셔츠 등이 많아 홍콩 젊은 쇼핑객들에게 인기가 많다.

Location. B1F, B19–B20 **Tel.** 852–3579–8670 **Open.** 12:00–22:00 **www.d-mop.com**

Nathan Rd.
Shopping Map

네이던 로드

스타 페리 선착장에서 나오면 정면에 제일 먼저 보이는 대로인 솔즈베리 로드Salisbury Rd.와 카오룽 반도 중심을 가르는 네이던 로드Nathan Rd.는 지하철 침사추이 역에 인접해 늘 많은 관광객들과 현지인들로 붐비는 지역이다. 솔즈베리 로드 대로변에 빅토리아 하버를 바라보며 서 있는 1881 헤리티지와 패닌슐라 호텔은 역사적이고 웅장한 건물 안에 숙박과 쇼핑 시설을 갖추고 있는데, 관광지로 더 유명해 이 앞은 사진을 찍으려는 관광객들로 일 년 내내 붐빈다.

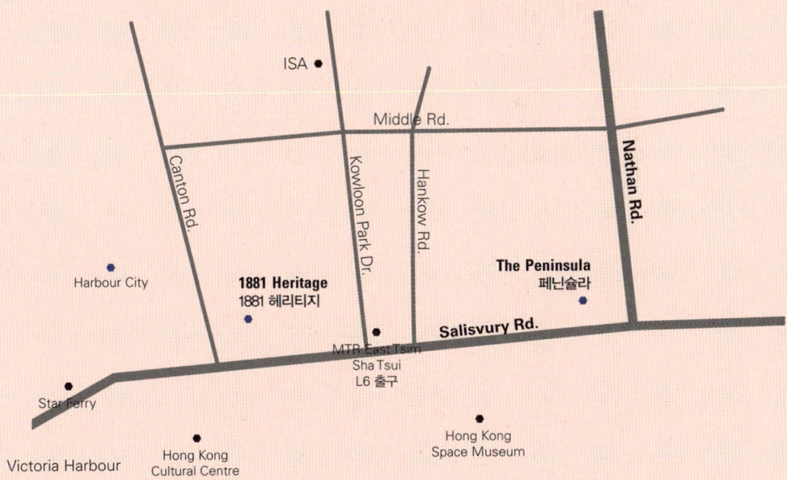

1881 Heritage
1881 헤리티지

침사추이 중심에 자리한 아름다운 빅토리아 양식의 건축물로 눈길을 끄는 1881 헤리티지는 1880년대부터 1996년까지 홍콩 해양 경찰 본부로 사용된 건물을 리노베이션하여 2009년에 쇼핑몰과 호텔이 있는 랜드 마크로 새롭게 오픈한 공간이다.

까르띠에Cartier, 티파니Tiffany&Co., 피아제PIAGET, 아이더블유씨IWC 등의 럭셔리 주얼리와 시계 브랜드 매장이 모여 있고, 건물 중앙 위층에는 부티크 호텔인 휴렛 하우스와 레스토랑이 있다. 값비싼 보석이나 시계 매장이 대부분이라 쇼핑보다 역사적 유적지이자 아름다운 건물을 보기 위한 관광 스폿으로 유명하다. 아름다운 건물을 배경으로 웨딩 촬영을 하는 현지인들과 기념사진을 찍으려는 관광객들로 늘 붐비는 곳이다.

Address. 2A Canton Rd., Tsim Sha Tsui, Kowloon **Location.** MTR 이스트 침사추이 East Tsim Sha Tsui 역 L6 출구, 침사추이 Tsim Sha Tui 역 E 출구 **Tel.** 852–2926–8000 **Open.** 매장별 상이 **www.1881heritage.com**

In 1881 Heritage
1881 헤리티지 내 주요 매장

SHANGHAI TANG
상하이 탕

홍콩을 대표하는 로컬 패션 브랜드로, 홍콩
풍의 실크 드레스, 차이나 드레스, 니트, 향
초와 액자, 젓가락 등 인테리어 소품을 볼
수 있다.

Location. GF House1, 1881 Heritage **Tel.**
852–2368–2932 **Open.** 10:30–20:30 **www.**
shanghaitang.com

Van Cleef & Arpels
반클리프 앤 아펠

프랑스의 파인 주얼리 브랜드

Location. GF G02 , 1881 Heritage **Tel.** 852–
2191–9177 **Open.** 10:00–22:00 **www.**
vancleefarpels.com

The Peninsula
페닌슐라

1928년에 오픈해 90년 가까운 역사를 지닌 홍콩의 일류 호텔. 아름다운 콜로니얼 양식의 화려한 로비를 중심으로 지하부터 2층까지 고급스러운 분위기의 쇼핑 아케이드가 자리 잡고 있다.

1층에는 반클리프 앤 아펠Van cleef & Arpels, 티파니TIFFANY & Co., 카르티에Cartier, 크롬 하츠CHROME HEARTS, 샤넬 CHANEL, 고야드GOYARD, 루이비통LOUIS VUITTON의 매장이 있고 2층에는 홍콩 로컬 보석상들과 캐시미어, 모피 전문점이 자리한 럭셔리한 쇼핑 공간이다. 지하에 위치한 페닌슐라 부티크에서는 페닌슐라 호텔의 기념품과 선물용 차, 초콜릿, 쿠키 등 선물용으로 좋은 상품들을 판매해 관광객들에게 인기가 좋다.

쇼핑 전후에 로비에 위치한 카페 더 로비The Lobby 에서 홍콩에서 가장 유명한 애프터 눈티를 즐기기를 추천한다. 애프터 눈티 제공 시간은 오후 2시~6시. 예약이 되지 않고 줄을 서야 들어갈 수 있다.

Address. The Peninsula, Salisbury Rd., Kowloon **Location.** MTR East Tsim Sha Tsui 역 L3, L6 출구. Tsim Sha Tsui 역 E 출구 **Tel.** 852-2696-6571 **Open.** 매장별 상이 **hongkong.**peninsula.com

In The Peninsula
페니슐라 내 주요 매장

GOYARD
고야드

홍콩 고야드 매장 1호점. 최근 홍콩섬의 퍼시픽 플레이스에 고야드 2호점이 오픈했지만 이곳의 매장 규모가 더 크고, 더 다양한 디자인의 상품을 보유하고 있다.

Location. 페닌슐라 아케이드 GF, E10 **Tel.** 852-2722-0398 **Open.** 10:00-19:30

HERMÈS
에르메스

규모는 작지만 홍콩 내 다른 매장보다 한산
하다. 구하기 힘든 인기 제품들을 보유하고
있다.

Location. 페닌슐라 아케이드 Mezzanine · GF.
Tel. 852–2368–6739 **Open.** 10:00– 19:00,
일 · 공휴일 11:00– 19:00

CHROME HEARTS
크롬 하츠

카오룽 지역에서 유일한 크롬 하츠 매장이
다. 실버와 골드, 다이아몬드 주얼리와 티셔
츠, 재킷, 모자 등 크롬 하츠 모든 라인을 만
날 수 있는 곳.

Location. 페닌슐라 아케이드 GF, W2 · 4&6 **Tel.**
852–2739–6113 **Open.**10:00–19:00, 일 · 공휴
일 11:00–19:00

CHANEL
샤넬

1층에는 샤넬의 가방과 액세서리가, 계단
을 내려가면 의류와 신발이 진열되어 있다.
규모는 작지만 다른 곳에서 보기 어려운 특
수 가죽의 럭셔리한 모델을 볼 수 있다. 지
하 매장 옆에는 파인 주얼리와 시계를 취급
하는 샤넬 주얼리 매장이 있다.

Location. 페닌슐라 아케이드 B1F–GF, E11&13
· BE11A&11B · 13&15 **Tel.** 852–2368–6879
Open. 10:00– 19:30

The Peninsula BOUTIQUE
페닌슐라 부티크

페닌슐라의 벨보이 곰돌이 마스코트를 새긴 목욕 가운, 타월, 인형, 열쇠고리를
비롯해 품질 좋은 차와 초콜릿, 쿠키, 사탕 등 포장이 예쁜 기념품을 파는 매장. 고
급스러운 선물용 홍콩 기념품을 찾는다면 방문해 보자.

Location. 페닌슐라 아케이드 B1F **Tel.** 852-2696-6969 **Open.** 9:30-19:00

DELVAUX

델보

벨기에에서 1829년에 탄생한 가장 오래된 고급 가죽 부티크 델보의 첫 홍콩 매장. 규모가 매우 작지만 클래식한 디자인과 컬러의 대표 디자인 백을 찾는다면 들러볼 것. 델보의 더 많은 제품을 보고 싶다면 더 큰 매장이 근처 하버 시티에 있다.

Location. 페닌슐라 아케이드 Mezzanine F **Tel.** 852–2311–0803 **Open.** 10:00–19:00

Tsim Sha Tsui Restaurant&Cafe

침사추이 레스토랑&카페

침사추이는 오래전부터 형성된 상업 지구로 역사 깊은 호텔, 쇼핑몰을 중심으로 유명 레스토랑들이 자리 잡고 있다. 침사추이 남쪽으로는 빅토리아 하버와 홍콩섬 전경이 펼쳐져, 고층 건물에 있는 전망 좋은 레스토랑과 바는 1년 내내 관광객들로 붐빈다. 중국 본토에서 온 관광객이 많이 찾는 관광 지구라 홍콩섬에 있는 레스토랑보다 격식이 없고 캐주얼한 분위기이다. 옷차림에 신경 쓰지 않고 편하게 방문할 수 있는 곳이 많다.

PEKING GARDEN
페킹 가든

1978년 오픈한 북경 오리Peking Duck 전문점으로 오랫동안 현지인과 관광객에게 사랑받는 중식 레스토랑이다. 북경 오리 외에도 딤섬 메뉴와 다양한 북경 요리를 제공한다. 북경 오리 한 마리는 3~4명이 먹으면 좋을 사이즈로 가격은 440HK$이다. 서비스료 10% 별도. 스타 페리 침사추이 선착장 앞, 스타 하우스 건물의 세븐 일레븐 매장 옆에 3층으로 올라갈 수 있는 입구가 있으며, 창가 쪽에 앉으면 빅토리아 하버 풍경을 감상하며 식사할 수 있다. 사람이 많은 침사추이 한복판의 오래된 건물 안에 있어서 언제 가도 관광객이 많아 활기차고 격식 없는 로컬 분위기이다. 같은 메뉴를 조용하고 깨끗한 분위기에서 즐기고 싶다면 퍼시픽 플레이스 지점을 추천한다.

Type. Chinese Cuisine **Address.** 3F, Star House, 3 Salisbury Rd., Tsim Sha Tsui, Kowloon **Tel.** 852–2735–8211 **Open.** 월–토요일 런치 11:30–15:00, 디너 17:30–23:00 / 일요일 · 공휴일 런치 11:00–15:00, 디너 17:30–23:00 **www.maximschinese.com.hk/ brand/3**

yè shanghai
예 상하이

미슐랭 가이드 별 하나를 획득한 상하이 요리 전문점. 점심 메뉴로 제공하는 각종 딤섬 메뉴와 해물 · 고기 · 채소를 이용한 다양한 중식 요리, 면과 밥 · 탕 메뉴를 합리적인 가격에 맛볼 수 있다. 1인당 점심은 200~300HK$, 저녁은 300~500HK$ 정도로 예산을 잡으면 되고, 베이징 덕은 한 마리에 500HK$ 정도이다. 서비스료 10% 별도. 캔톤 로드Canton Rd.의 하버 시티 안에 속한 마르코 폴로 홍콩 호텔, 6층에 위치해 하버 시티와 캔톤 로드 쇼핑 전후에 식사하기 좋다.

Type. Chinese Cuisine **Address.** 6F, Marco Polo Hong Kong Hotel, 3 Canton Rd, Tsim Sha Tsui, Kowloon **Tel.** 852–2376–3322 **Open.** 런치 11:30–15:00, 디너 18:00–23:00 **www**.elite–concepts.com/en_US/yeshanghai

DIN TAI FUNG
딘타이펑

대만의 유명 중식 레스토랑 딘타이펑의 침사추이 점으로 얇은 딤섬 피로 빚은 만두 속에 돼지고기 육즙이 가득한 샤오롱바오Xiao Long Bao가 대표적인 메뉴이다. 저렴한 가격에 배부르게 중식이 먹고 싶다면 이곳을 추천한다. 샤오롱바오 외에도 돼지고기가 들어간 만두피 위에 새우가 올려진 슈마이, 바비큐 소스의 돼지고기가 들어간 찐빵인 바비큐 포크 번, 매우 칠리소스가 곁들여진 완탕과 새우볶음밥, 각종 채소볶음이 한국 사람의 입맛에 잘 맞는다.

Type. Chinese Cuisine **Address.** 3F, Silvercord, 30 Canton Rd., Tsim Sha Tsui, Kowloon **Tel.** 852–2730–6928 **Open.** 11:30–22:30 **www**.dintaifung.com.hk

Hutong 후통

Type. Chinese Cuisine **Address.** 28F, 1 Peking Rd., Tsim Sha Tsui, Kowloon **Tel.** 852–
3428–8342 **Open.** 월–금요일 런치 12:00 – 14:30, 디너 18:00 – 24:00 / 주말 런치 12:00 –
15:30, 디너 18:00 – 24:00 **www.hutong.com.hk**

침사추이의 명품 거리인 캔톤 로드Canton Rd.와 페킹 로드Peking Rd. 중심부에 우뚝 솟은 고층 건물 원 페킹one
peking. 그곳에 자리한 북방 차이니스 레스토랑 후통. 건물 28층에 도착하면 바닥부터 천장까지 통유리로 된 창
앞에 줄지어 걸린 붉은색 랜턴과 밖으로 보이는 빅토리아 하버 전경이 어우러져 홍콩 중심에 와있음을 실감하
게 된다. 평일 점심 테이스팅 세트 메뉴는 전채 요리와 수프, 메인 요리, 볶음밥, 디저트가 제공되고 가격은 1인
당 498HK$, 저녁 테이스팅 요리는 7코스에 1,600HK$ 정도로 비싼 편이다.

주말과 휴일 점심에는 12시부터 3시까지 뷔페식의 브런치 메뉴만을 제공하는데 가격은 1인당 428HK$ (만 12
세 이하는 무료), 추가 요금을 지불하면 음료를 무제한으로 제공한다(200HK$ 추가 시 칵테일과 와인, 280HK$ 추가
시 샴페인 무제한 제공. 서비스료 10% 별도). 캔톤 로드를 사이로 하버 시티Harbour City 맞은편에 보이는 디올, 미우
미우 매장 건물을 찾아가면 된다.

THE LOBBY
더 로비

1928년에 지은 홍콩의 가장 오래된 호텔인 페닌슐라 로비에 자리 잡은 카페로, 홍콩에서 애프터 눈 티를 즐기기 가장 좋은 명소이다. 매일 2시부터 6시까지 제공하는 애프터 눈 티는 각종 케이크와 샌드위치, 스콘과 함께 티를 즐길 수 있는 구성으로 1인분 368HK$, 2인분 658HK$에 제공한다. 서비스료 10% 별도. 미리 예약을 받지 않아 늘 긴 줄이 늘어서므로 2시 전에 미리 가서 줄을 서는 것이 좋다.

Type. Cafe **Address.** LF, The Peninsula,19–21 Salisbury Rd., Tsim Sha Tsui **Tel.** 852– 2696–6772 **hongkong**.peninsula.com/en/fine–dining/the–lobby–afternoon–tea **Open.** 월–목요일 7:00–24:00am, 7:00–1:00, 주말 애프터 눈 티 14:00–18:00

T'ang Court
唐閣 탕 코트

미슐랭 가이드 최고 레벨인 쓰리 스타 레스토랑으로 선정된 광둥 요리 전문점. 광둥 요리로는 전 세계에서 단 네 곳의 레스토랑만이 별 세 개를 받았다. 침사추이 중심인 페킹 로드의 랭함 호텔 1·2층에 자리한 탕 코트는 중국 당나라 시대를 재현한 고풍스러운 인테리어와 화려한 식기에 담긴 다채로운 광둥 요리를 즐길 수 있어 현지인과 여행객 모두에게 인기가 높다.

탕 코트의 인기 메뉴를 세트로 제공하는 테이스팅 메뉴는 1인당 1,080HK$ (서비스료 10% 별도), 점심에는 딤섬과 간단한 요리 메뉴를 함께 즐길 수 있는 딤섬 런치 세트를 350HK$ 에 제공하여 저녁 메뉴보다 가격 부담이 적다(서비스료 10% 별도. 월~토요일 점심에만 제공). 인기 레스토랑이므로 미리 예약하는 것이 좋으며 홈페이지에서도 예약이 가능하다.

Type. Chinese Cuisine **Address.** 1F, The LANGHAM HOTEL, 8 Peking Rd., Tsim Sha Tsui, Kowloon **Tel.** 852–2132–7898 **Open.** 12:00–15:00, 18:00–23:00 / 주말 · 공휴일 11:00–15:00, 18:00–23:00 **www.langhamhotels.com/en/the-langham/hong-kong/dining/tang-court**

aqua 아쿠아

앞서 소개한 후통Hutong과 같은 아쿠아 레스토랑 그룹에서 경영하는 곳으로, 이탈리아 요리와 일식 메뉴를 제공한다. 원 페킹One Peking 건물 29층과 30층에 위치해 후통과 같은 방향의 빅토리아 하버 전경을 더 높은 위치에서 파노라마로 감상할 수 있어 유명하다. 이태리 퀴진인 아쿠아 로마aqua Roma와 일식인 아쿠아 도쿄aqua Tokyo로 메뉴가 나누어져 원하는 메뉴를 폭 넓게 선택할 수 있다. 주말과 휴일에는 인원에 맞게 즐길 수 있는 브런치 메뉴를 12시부터 3시까지 제공하며 전채 요리와 메인, 디저트가 세트로 구성되어 있다. 식사를 하지 않고, 30층의 바에서 주류와 음료만 주문하는 것도 가능해 다른 곳에서 식사 후 야경을 감상하러 가는 것도 좋다.

Type. Italian Cuisine · Japanese · Bar **Address.** 29 · 30F, one peking, 1 Peking Rd., Tsim Sha Tsui, Kowloon **Tel.** 852–3427–2288 **Open.** 12:00–2:00 **www.aqua.com.hk**

FELIX 펠릭스

Type. Bar　**Address.** 28F, The Peninsula, 19–21 Salisbury Rd., Tsim Sha Tsui　**Tel.** 852–2696–6778 **hongkong**.peninsula.com/en/fine–dining/felix　**Open.** 17:30–1:30

페닌슐라 호텔 28층에 위치해 빅토리아 하버와 홍콩섬, 카오룽 야경을 내려다보며 한잔 하기 좋은 바. 디자이너 필립 스탁Philippe Patrick Starck이 인테리어 디자인을 맡은 유명 레스토랑 펠릭스에서 계단을 하나 더 오르면 작고 아늑한 바 공간이 나온다. 이국적이고 화려한 페닌슐라 호텔 로비를 지나 전용 엘리베이터를 타고 올라가 몽환적인 분위기의 펠릭스에서 홍콩의 밤을 즐겨 보자. 운동화 차림의 캐주얼 의상은 삼가해야 한다.

TOD'S
TOD'S
TOD'S
TOD'S
FENDI
FENDI
DI

Shopping Mall
IFC · Landmark · Pacific Place · Harbour City · Elements

IFC

Best Shops

Lane Crawford 레인 크로포드
CÉLINE 셀린느
TOM FORD 톰 포드
BRUNELLO CUCINELLI
브루넬로 쿠치넬리
STUART WEITZMAN
스튜어트 와이츠먼
J.Crew 제이 크루
lululemon 룰루레몬
KWANPEN 콴펜
Valextra 발렉스트라
seed HERITAGE 씨드 헤리티지

BOOKaZINE 부커진
Apple Store 애플 스토어
Santa Maria Novella 산타 마리아 노벨라
atelier Cologne 아틀리에 코롱
KIKO MILANO 키코
dyptique 딥티크
**VICTORIA SECRET
BEAUTY&ACCESSORIES**
빅토리아 시크릿 뷰티&액세서리
c!ty'super 시티 슈퍼
mannings plus 매닝스 플러스

Best Restaurants + Cafe

CRYSTAL JADE 크리스털 제이드
正斗 정두
GREYHOUND Café
그레이하운드 카페

**LE SALON DETHÉ
de Joël Robuchon** 조엘 로부숑 카페
GROM 그롬
fuel ESPRESSO 퓨얼 에스프레소

홍콩 대표 쇼핑몰

홍콩섬의 금융, 비즈니스 지역의 중심인 센트럴 국제 금융 센터 International Finance Center에 자리 잡은 대규모 복합 쇼핑몰. 위로는 세계적인 금융 회사들의 오피스 빌딩이, 빌딩 지하로는 공항으로 연결되는 열차인 에어포트 익스프레스AEL와 MTR 홍콩 역이 위치한 교통의 요지에 입지해 있다. 또한, 몰 아래에 공항에 가기 전 비행기 체크인과 수하물을 부칠 수 있는 도심 공항 카운터가 있어 떠나는 날 미리 체크인 수속을 마치고 공항에 가기 전 남는 시간에 이곳에서 마지막 쇼핑과 식사를 즐기기에 좋다.

홍콩의 대표적인 백화점형 편집숍인 레인 크로포드Lane Crawford를 중심으로 해외 명품 패션, 주얼리, 화장품 브랜드들의 단독 매장과 자라ZARA, 제이 크루J.Crew와 같은 스파SPA 브랜드, 애플 스토어Apple Store, 시티 슈퍼c!ty'super가 입점 되어 있고, 다양한 종류의 인기 레스토랑이 자리해 많은 관광객을 포함해 홍콩 현지 외국인들이 가장 많이 찾는 홍콩섬의 대표 쇼핑몰이다.

Address. IFC, 8 Finance Street, Central(國際金融中心商場, 香港中環金融街 8號) **Location.** MTR Hong Kong 역 F 출구 **Tel.** 852-2295-3308 **Open.** 매장별 상이 **www.**ifc.com.hk

01
Lane Crawford

레인 크로포드

Location. IFC 3–4F **Tel.** 852–2118–3388 **Open.** 10:00–21:00 **www.**
lanecrawford.com

IFC에서 가장 규모가 큰 매장으로 세계 유명 브랜드의 남성, 여성복과 패션 액세서리를 취급하는 홍콩 최고의 백화점형 편집숍이다. 매 시즌 트렌드를 주도하는 바잉으로 주목받는 곳이다.

패션 외에도 뷰티 아이템과 가구, 인테리어 잡화까지 지금 가장 핫한 브랜드를 이곳에 가면 모두 만날 수 있다. 한국의 백화점과 달리 개방된 매장 형태로, 명품 브랜드를 부담 없이 구경하고 시착해 볼 수 있어 즐겁다.

4층에는 센스 있는 수입 가구와 인테리어 소품을 볼 수 있는 레인 크로포드 홈Lane Crawford Home이 지난해 오픈했다. 포르나세티FORNASETTI, 톰 딕슨Tom Dixon, 헤이HAY의 식기와 향초, 조나단 애들러JONATHAN ADLER의 쿠션과 장식품, 프레테FRETTE의 침구와 시즌별로 수입되는 유럽 가구와 잡화들을 구경하는 재미가 있다. 백화점 규모의 편집숍으로 향초와 디퓨저, 예쁜 디자인의 주방용품이 엄선되어 판매되고 있어 선물하기에도 좋은 아이템을 찾을 수 있다.

레인 크로포드의 주요 브랜드

Contemporary

알렉산더 왕ALEXANDER WANG, 사카이sacai, 헬무트 랭 HELMUT LANG, 포츠 1961PORTS 1961, 빈스VINCE, 아크네 스 튜디오Acne Studios

Jeans

제이 브랜드J BRAND, 커런트 엘리엇CURRENT ELLIOTT, 래그 앤 본rag&bone, 프레임FRAME

Shoes

크리스찬 루부탱Christian Louboutin, 지미추JIMMY CHOO, 스튜어트 와이츠먼STUART WEITZMAN, 지방시 GIVENCHY, 발렌시아가BALENCIAGA, 골든구스GOLDEN GOOSE, 지안비토 로시Gianvito Rossi, 만수르 가브리엘 MANSUR GAVRIEL, 구찌GUCCI, 생 로랑SAINT LAURANT

Designer Collections

발렌티노VALENTINO, 셀린느CÉLINE, 랑방LANVIN, 끌로에 Chloé, 알라이아ALAIA, 생로랑, 지방시GIVENCHY , 발렌시 아가BALENCIAGA, 마르니MARNI

Lifestyle

포르나세티, 톰 딕슨, 바카라Baccarat, 프레테, 조나단 애들 러, 포트넘 앤 메이슨FORTNUM&MASON, 아스티에 드 빌라 트ASTIER DE VILLATTE

Accessories&Jewelry

레포시REPOSSI, 셀린느, 필립 오디베르PHILIPPE AUDIBERT, 메종 미쉘MAISON MICHEL, 린다 페로우 LINDA FARROW

02
CÉLINE 셀린느

Location. IFC 2F **Tel.** 852-2805-8666 **Open.** 10:30-20:00 **www**.celine.com

디자이너 피비 필로Phoebe Philo와의 콜라보레이션으로 새로운 색을 입고 매 시즌 패션 피플들의 뜨거운 사랑을 받는 셀린느. 2015년 가을에 IFC에 새 매장을 열었다. 홍콩 셀린느 매장 중 가장 새롭고 인테리어에도 공을 들인 곳으로, 다른 셀린느 매장에 비해 가방과 구두 종류가 다양하게 구비되어 있다.

03
TOM FORD 톰 포드

구찌의 디자이너로서 명성을 떨쳤던 디자이너 톰 포드가 독립해 만든 브랜드. 홍콩섬 내, 유일한 톰 포드 의류 매장이다. 남성복을 중심으로 선글라스, 안경 등의 아이웨어와 화장품(톰 포드의 립스틱은 색상이 독특하고 발색이 좋아 인기다.), 향수 등의 뷰티 제품, 여성복 라인을 만나 볼 수 있는 매장.

Location. IFC 2F **Tel.** 852-2234-7802 **Open.** 10:30-19:30 금 · 토요일 10:30-20:00
www.tomford.com

04

BRUNELLO CUCINELLI

브루넬로 쿠치넬리

최상의 소재와 톤 다운된 컬러의 최고급 이탈리아 의류 브랜드. 최고급 소재에
걸맞은 높은 가격대의 브랜드이지만 일 년에 두 번, 여름 · 겨울 세일 시즌에는
30%~50% 할인 판매해 이 기간에 방문하면 한국보다 저렴하게 구입할 수 있다.

Location. IFC 2F **Tel.** 852–2175–4268 **Open.** 10:30–20:00 **www**.brunellocucinelli.com

05
STUART WEITZMAN
스튜어트 와이츠먼

Location. IFC 3F **Tel.** 852–2408–8676 **Open.** 10:00–21:00 **www.**stuartweitzman.com

미국의 슈즈 디자이너 스튜어트 와이츠먼의 브랜드. 종아리에 핏되는 무릎 위 길이의 롱부츠로 최근 더욱 유명해졌다. 그 인기에 힘입어 2014년도에 IFC에 홍콩 매장을 오픈했다. 부츠 외에도 다양한 디자인의 발이 편한 슈즈를 만나 볼 수 있다.

06
J.Crew 제이 크루

Location. IFC 1F **Tel.** 852-2628-5611 **Open.** 10:00-21:00 www.jcrew.com

미국의 대표적인 캐주얼 브랜드 제이 크루의 홍콩 프래그십 스토어가 2014년 오픈했다. 레인 크로포드 매장에서만 만날 수 있던 제이 크루의 제품을 이제는 단독 매장에서 더 다양하게 만나 보자. 제이 크루의 아동복은 아직 들어오지 않았고, 남성복과 여성복만 판매 중이다. 핏이 좋은 바지와 질 좋은 니트 등 실용적인 의류를 구입할 수 있다. 가격은 미국 현지보다 다소 높은 편이다.

07
lululemon 룰루레몬

미국의 인기 요가용품 브랜드. 몸매를 탄탄하게 잘 잡아 주는 원단과 세련된 디자인의 요가복으로 유명한 룰루레몬이, IFC에 매장을 오픈해 많은 사람이 찾고 있다. 요가복 외에도 매트, 모자, 속옷, 가방 등 다양한 요가용품을 판매한다.

Location. IFC 1F **Tel.** 852-2997-7170 **Open.** 10:00-21:00 **www.** lululemon.com

08
KWANPEN 콴펜

Location. IFC 2F **Tel.** 852–2918–9978 **Open.** 10:00–20:00 **www**.kwanpen.com

싱가포르 핸드백 브랜드로, 악어가죽을 소재로 한 럭셔리 백으로 유명하다. 다양한 색상으로 염색한 질 좋은 악어가죽 가방을 비롯해 지갑, 벨트, 열쇠고리 등을 판매한다. 콴펜의 모든 가방은 싱가포르 공방에서 핸드메이드로 제작한다.

09
Valextra 발렉스트라

1937년 이탈리아 밀라노에서 탄생한 핸드백 브랜드로, 전통적인 기술을 사용해 현대적인 디자인의 가방을 만든다. 국내에서도 고소영, 장동건 등 셀러브리티들이 애용하는 럭셔리 백으로 알려져 있다. 장인의 100% 수공으로 만들어지는 제품들로 아무 장식 없이 정교한 봉제만으로 완성되어 정갈하고 깔끔하다.

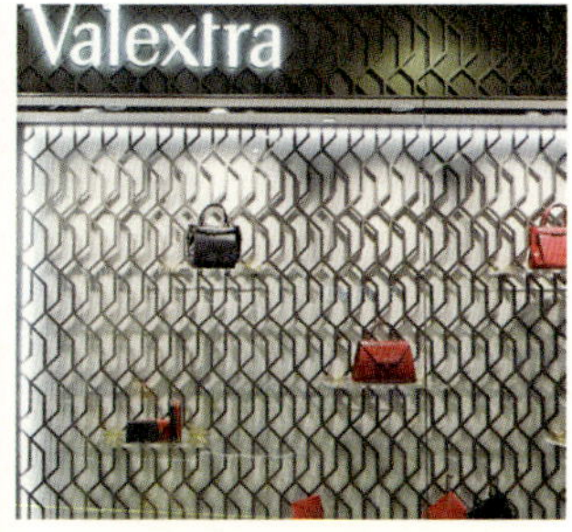

Location. IFC 2F **Tel.** 852–2609–5518 **Open.** 10:00–20:00 **www.**valextra.com

10
seed HERITAGE 씨드

호주에서 2000년에 문을 연 아동복 브랜드다. 신생아부터 10세까지의 의류, 액세서리, 장난감을 판매한다. 밝은 색상과 스팽글 · 비즈로 장식한 의류와 헤어 액세서리, 슈즈를 비롯해 재미있고 독특한 디자인의 장난감을 판매해 홍콩에서 인기가 높다. 합리적인 가격에 다른 곳에서 볼 수 없는 새로운 물건이 많아 선물용으로도 좋다.

Location. IFC 3F **Tel.** 852-243-6331 **Open.** 10:00-21:30, 토 · 일요일 · 공휴일 10:00-21:00 **www.seedheritage.com**

11
BOOKaZINE 부커진

각종 영어 서적을 비롯, 어린이 장난감과 교재, 문구, 선물, 카드 등을 판매하는 서점이다. 다양한 캐릭터의 스티커 북, 책가방, 장난감, 도시락 관련 제품이 많아 어린이와 함께 가면 좋다. 다른 지점보다 규모가 작으므로 다양한 문구, 책을 보고 싶다면 프린스 빌딩 지점 부커진을 찾으면 된다.

Location. IFC 3F(애플 스토어 맞은편) **Tel.** 852-2813-2770 **Open.** 10:00–20:00 bookazine.com.hk

12
Apple Store 애플 스토어

홍콩의 제1호 애플 스토어. 애플 제품을 직접 눈으로 보고 체험하고 구입하고자 하는 방문객들로 1년 내내 붐
빈다. 애플의 신제품이 출시될 때면 매장 밖은 제품을 구매하고자 하는 사람들로 긴 줄이 늘어서는 진풍경이 연
출된다. 한국보다 가격이 저렴해 애플 제품과 다양한 종류의 관련 액세서리를 합리적인 가격에 구입할 수 있다.

Location. IFC 1–3F **Tel.** 852–3972–1500 **Open.** 10:00–21:00 **www.**apple.com

13
Santa Maria Novella
산타 마리아 노벨라

이탈리아 피렌체의 산타 마리아 노벨라에서 만드는 화장품 브랜드. 장미향 토너인 로즈 워터, 고현정 크림으로
유명한 수분 크림, 향초, 향수 등 향기로운 제품이 가득하다. 가격도 한국보다 저렴하며, 5만 원대 전후인 향초
와 방향제는 선물용으로 인기가 좋다.

Location. IFC 3F **Tel.** 852–2295–0326 **Open.** 10:00–20:00 **www.**smnovella.com

14
atelier Cologne
아틀리에 코롱

Location. IFC 1F **Tel.** 852–2344–0770 **Open.** 10:00–21:00 **www**.ateliercologne.com

나폴레옹이 사랑한 향수, '코롱'을 현대적 개념으로 해석해 싱그럽고 우아한 시트러스 향조 '코롱 압솔뤼 컬렉션'을 탄생시켜, 향수 업계에서 주목받는 프랑스 향수 브랜드의 홍콩 매장. 아틀리에 코롱이 선보이는 '코롱 압솔뤼 컬렉션'은 에센셜 오일 원액 함량이 15%~20%에 달해 깊고 풍부하고, 긴 여운을 가진 향을 낸다. 프랑스 그라스 지방의 진귀한 원료만을 사용해 제조하는 컨템포러리 프렌치 퍼퓸으로 주목받고 있다.

15
KIKO MILANO 키코

밀라노에서 온 메이크업, 스킨케어 전문 브랜드 매장. 밀라노의 세포라SEPHORA
라고도 불리며 각종 화장품과 화장 도구를 판매한다. 만 원 안팎의 저렴한 가격
으로 선택 폭이 다양한 메이크업 제품들을 직접 테스트해 보고 구입할 수 있다.

Location. IFC 1F **Tel.** 852-2833-5363 **Open.** 10:00-22:00 **www.**kikocosmetics.com

16
VICTORIA SECRET
BEAUTY&ACCESSORIES
빅토리아 시크릿 뷰티&액세서리

섹시한 여성 속옷으로 유명한 빅토리아 시크릿의 뷰티 매장이 홍콩에 문을 열었
다. 이곳에서는 보디로션, 핸드크림 등의 뷰티 제품과 화장품 케이스, 가방 등의
액세서리도 판매한다. 선물용으로도 좋은 여성스럽고 향기로운 제품들로 가득
하다.

Location. IFC 1F **Tel.** 852–2865–7999 **Open.** 10:00–22:00 **www.**victoriassecrethk.com

17
c!ty'super
시티 슈퍼

홍콩의 대표적인 고급 슈퍼마켓 체인이다. IFC 1층 한편에 자리한 초대형 매장 안에는 세계 각국에서 온 과일과 채소, 고기, 해산물 등의 식재료와 다양한 유제품과 스낵, 주류 등이 깔끔하고 세련되게 진열되어 있다.

미국, 유럽, 아시아에서 수입된 다양한 종류의 식재료를 구할 수 있다. 식품 외에도 와인 관련 제품, 베이킹 도구, 수입 조리 도구, 도시락 관련 제품도 다양하게 갖춰 식품과 리빙 제품을 한 곳에서 쇼핑할 수 있다. 영국, 프랑스, 중국, 일본에서 온 다양한 브랜드의 차는 선물용으로도 좋다.

Location. IFC 1F **Tel.** 852-2736-3866 **Open.** 10:00-22:00 www.citysuper.com

18

mannigs plus

매닝스 플러스

홍콩 대형 드러그 스토어 체인으로 다양한 종류의 각종 약과 비타민, 화장품을 판매한다. 미국, 뉴질랜드 제약 회사의 다양한 비타민, 건강 보조제를 한국보다 저렴한 가격에 판매한다. 일본 파스, 홍콩 로컬 브랜드의 각종 연고와 오일, 화장품 등 다양한 제품이 보기 쉽게 정리되어 있다.

Location. IFC 2F **Tel.** 852–2523–9672 **Open.** 9:00–21:30, 일요일 · 공휴일 10:00–21:30
www.mannings.com.hk

19
CRYSTAL JADE
크리스털 제이드

싱가포르계 차이니스 레스토랑. IFC 내의 레스토랑 가운데 가장 인기 있는 곳으로 매장 앞은 대기 번호표를 들고 순서를 기다리는 사람들로 늘 북적인다. 대표적인 메뉴로는 돼지고기로 만든 샤오롱바오Xiao long bao와 수제 면에 매콤한 땅콩 소스를 섞어 먹는 탄탄면이 있다. 캐주얼한 분위기로, 간단하고 맛있는 한 끼를 부담 없이 먹을 수 있다.

Type. Chinese Cuisine **Location.** IFC 2F **Tel.** 852−2295−3811 **Open.** 23:00−23:00 **hk.**crystaljade.com

20
正斗 정두

홍콩식 죽인 콩지Congee와 새우 완탕면을 중심으로 한 다양한 면 요리로 인기를
누리는 홍콩 레스토랑이다. 중국식 채소 볶음과 볶음밥, 딤섬 등 홍콩에 간다면
먹어 봐야 할 음식을 모두 만날 수 있다.

Type. Chinese Cuisine **Location.** IFC 3F **Tel.** 852-2295-0101 **Open.** 11:00-23:00
www.tasty.com.hk

21
GREYHOUND Café
그레이하운드 카페

태국에서 온 모던한 콘셉트의 카페·레스토랑 체인점. 메뉴는 팟타이, 똠얌꿍, 파파야 샐러드 등의 태국 음식 외에도 샌드위치, 파스타, 피자, 볶음밥 등으로 다양해 선택의 폭이 넓다. 태국식 커피, 차, 쿨러 등 다양한 종류 와 특색 있는 맛의 음료도 인기다.

Type. Thai Cuisine **Location.** IFC 1F **Tel.** 852-2383-1133 **Open.** 11:00-23:00
www.gaiagroup.com.hk

22
LE SALON DE THÉ
de Joël Robuchon

조엘 로부숑 카페

유명 프랑스 레스토랑 셰프, 조엘 로부숑의 카페. 프랑스 스타일의 간단한 메뉴와 샌드위치, 파니니 등을 주문할 수 있고, 점심시간이 끝난 2시 30분 이후에는 애프터눈 티(1인 260HK$, 2인 498HK$, 서비스료 10% 별도)를 즐길 수 있다. 애프터눈 티는 디저트와 차나 커피로 구성되어 있다. 카페가 몰 안쪽에 자리해 조용하고 한적한 분위기에서 쉬어 갈 수 있다. 점심시간에는 IFC 대부분의 레스토랑에 긴 대기 줄이 생기는데, 이곳은 구석에 위치해서 비교적 쉽게 자리 잡을 수 있으므로 기다리기 힘들다면 이곳을 체크해 볼 것.

Type. Cafe **Location.** IFC 2F(톰 포드 매장 뒤) **Tel.** 852-2234-7422 **Open.** 8:00-22:00
www.robuchon.hk

23
GROM 그롬

Type. Desert **Location.** IFC 1F **Tel.** 852-2454-2777 **Open.** 10:00-22:00 **www.**
grom.it

이태리 인기 젤라토 전문점 그롬의 홍콩 1호점. 신선한 우유와 계란, 유기농 과일
을 사용해 만드는 건강한 젤라토로 인공 색소, 방부제를 전혀 쓰지 않아 안심하고
먹을 수 있다.

24
fuel ESPRESSO

퓨얼 에스프레소

Type. Cafe **Location.** IFC 3F **Tel.** 852-2295-3815 **Open.** 7:30-19:00, 토 · 일요일 · 공
휴일 10:00-19:00 **www.**fuelespresso.com

쇼핑에 지쳐 잠시 쉬어 가고 싶다면 퓨얼에서 깊은 향의 커피 한 잔을 마셔 보자.
IFC 지점은 커피를 사랑하는 여행객이라면 꼭 들러야 할 곳으로, 뉴질랜드에서
홍콩으로 건너온 퓨얼 에스프레소 카페 1호점이다. 이곳은 스페셜 티 커피를 제
공하는데, 전 세계에서 엄선한 원두를 로스팅 후, 퓨얼만의 비율로 블렌딩해 숙련
된 바리스타가 내려 주어 깊고 진한 향과 맛으로 큰 인기를 끌고 있다.
언제 가도 이 지역 회사원들과 쇼핑객, 여행객들로 붐벼 앉을 곳을 찾기 힘든, 홍
콩 최고 수준의 에스프레소 카페이다. 세련되고 차분한 인테리어의 매장에서 스
피커를 통해 흘러나오는 재즈 음악과 함께 커피 한 잔의 휴식을 즐겨 보자.

Landmark

Best Shops

Harvey Nichols 하비 니콜스
CARVEN 까르벵
Roger Vivier 로저 비비에
DRIES VAN NOTEN
드라이스 반 노튼
ANYA HINDMARCH 안야 힌드마치
Landmark Men 랜드마크 맨

BALENCIAGA 발렌시아가
VALENTINO 발렌티노
CÉLINE 셀린느
Dior 디올
GUCCI 구찌
STELLA McCARTNEY
스텔라 맥카트니

Best Restaurants + Cafe

**L'ATELIER LE JARDIN
de Joël Loubuchon**
조엘 로부숑 아틀리에 르 자뎅
**LE SALON DETHÉ de Joël
Robuchon** 조엘 로부숑 살롱 드 테
CIAK IN THE KITCHEN
치악 인 더 키친
CHINA TANG 차이나 탕

ZUMA 주마
MAKMAK 막막
PRET A MANGER 프레 타 망제
simply life 심플리 라이프
fuel ESPRESSO 퓨얼 에스프레소
CAFE LANDMARK 카페 랜드마크

감각적인 디스플레이가 돋보이는 곳

랜드마크 로비의 아트리움 광장에는 시즌에 맞춰 화려한 장식과 구조물이 설치되어, 크리스마스나 구정 등 홍콩의 큰 명절이 가까워 오면 랜드마크의 장식과 디스플레이를 보기 위한 많은 관광객과 홍콩 사람들이 찾는다.

지하에는 남성 패션 전문 플로어인 랜드마크 맨Landmark Men이 작지만 알찬 규모로 자리 잡고 있어 세계 유명 브랜드의 남성 의류, 슈즈, 모자 등을 한눈에 둘러볼 수 있다.

랜드마크는 MTR 센트럴 역과 지하로 연계되고 랜드마크 계열 건물인 알렉산드라 하우스Alexandra House, 프린스 빌딩Prince's Building, 차터 하우스Chater House 등의 주변 몰, 호텔 랜드마크 만다린Landmark Mandarin, 만다린 오리엔탈Mandarin Oriental 호텔과도 건물 간 통로로 연결된다. 몰 안의 안내 표지판을 잘 확인하며 따라가면 건물 밖으로 나갈 필요 없이, 실내에서 건물과 건물 간의 이동이 가능해 더운 날씨에도 쾌적하게 센트럴 일대를 오갈 수 있다.

Address. Landmark, 15 Queen's Rd. Central, Central(置地廣場, 中環皇后大道中 15號) **Location.** MTR Central 역 G 출구 **Tel.** 852-2500-0555 **Open.** 매장별 상이 www.landmark.hk

01
Harvey Nichols
하비 니콜스

Location. Landmark 1–4F **Tel.** 852–3695–3388 **Open.** 월–토요일 10:00–
21:00, 일요일 · 공휴일 10:00–19:00 **www.**harveynichols.com

런던, 두바이, 이스탄불에 매장을 연 글로벌 편집숍. 여성복, 남성복을 필두로 액세서리, 슈즈, 백, 아동 의류까지 갖춘 대형 매장이다. 경쟁사인 레인 크로포드Lane Crawford와는 사뭇 다른 스타일의 제품과 브랜드를 취급하므로 비교하며 보는 재미가 있다. 레인 크로포드에 비해 단정한 정장풍의 의상이 많고, 슈룩SHOUROUK, 비타페드VITAFEDE, 주미 림Joomi Lim 등 합리적인 가격의 컨템포러리 주얼리를 다양하게 갖추고 있다. 패션 주얼리가 보고 싶다면 레인 크로포드보다는 하비 니콜스를 추천한다.

4층 규모로 1층은 화장품과 액세서리, 2층은 주얼리와 모자, 스카프, 선글라스 등 패션 액세서리, 3층은 럭셔리 브랜드 의류와 슈즈, 4층은 캐주얼 웨어와 맨스 웨어가 있다.

하비 니콜스의 주요 브랜드

엠에스지엠MSGM, 레드 발렌티노RED VALENTINO, 미쏘니MISSONI, 이큅먼트EQUIPMENT
마커스 루퍼MARKUS LUPFER, 엠엠식스MM6, 클루Clu

02
CARVEN 까르벵

Location. Landmark 2F **Tel.** 852-2801-4051 **Open.** 월-토요일 10:30-19:30, 일요일 10:30-19:00 **www**.carven.co.kr

아시아 내 카르벵 1호점. 작은 매장 안에 파리 감성으로 가득한 다양한 의류와 슈즈, 가방이 갖춰져 있다. 남성복도 취급하는 매장으로 세일 시즌에는 50%까지 할인한다.

03
Roger Vivier 로저 비비에

파리 생토노레 본점 다음으로 세계에서 두 번째로 오픈한 로저 비비에의 단독 매장으로, 홍콩의 대표적인 로저 비비에 매장이다. 큰 규모의 매장 안에 파리 본점과 비교해도 손색없는 다양한 종류의 제품을 갖추고 있다. 한국 매장보다 20% 정도 가격이 저렴하므로 들러 볼 가치가 있다.

Location. Landmark 1F **Tel**. 852–2810–8690 **Open**. 10:30–19:30 **www**.rogervivier.com

04

DRIES VAN NOTEN

드라이스 반 노튼

Location. Landmark 2F **Tel.** 852–2845–4606 **Open.** 10:30–19:30 **www**.driesvannoten.be

벨기에 디자이너 드라이스 반 노튼의 단독 매장. 화려한 프린트와 자수를 이용한
원단을 사용해 아방가르드하면서 모던한 디자인의 의상으로 유명하다.

05
ANYA HINDMARCH
안야 힌드마치

Location. Landmark 2F **Tel.** 852-3693-4133 **Open.** 월-토요일 10:30-19:30, 일요일 · 공
휴일 11:00-18:00 **www**.anyahindmarch.com

1987년 영국에서 탄생한 가방 브랜드로 최근 가방을 장식하는 귀여운 캐릭터와
이니셜을 이용한 스티커, 밍크 스트랩 등으로 새롭게 인기를 끌고 있다.

06
Landmark Men
랜드마크 맨

랜드마크 몰 지하는 남성 패션 전문인 랜드마크 맨Landmark Men으로 구성되어 있다. 패션에 관심 있는 스타일리시한 남성을 위한 매장으로, 큰 규모는 아니지만 해외 브랜드 편집숍, 디자이너 브랜드의 남성 전문 매장, 남성 슈즈 매장 등이 한 곳에 모여 있어 남성 쇼핑객들을 불러 모으고 있다.

랜드마크 맨의 주요 브랜드

Dior Homme 디올 옴므
Location. Landmark BF **Tel.** 852–800–969–886 **Open.**
10:30–19:30, 일요일 · 공휴일 11:00–19:00 **www.**dior.com

VALENTINO MEN 발렌티노 맨
Location. Landmark BF **Tel.** 852–2530–2621 **Open.**
10:30–19:30 **www.**valentino.com

Neil Barrett 닐 바렛
Location. Landmark BF **Tel.** 852–2526–0168 **Open.**
10:30–19:30 **www.**neilbarrett.com

I.T MEN 아이티
Location. Landmark BF **Tel.** 852–2919–5333 **Open.**
10:00–19:00, 일요일 11:00–18:00

SWANK 스웽크
Location. Landmark BF **Tel.** 852–2810–0769 **Open.**
10:30–19:30

THE ARMOURY 아모리
Location. Landmark BF **Tel.** 852–2810–4990 **Open.**
11:00–20:00, 일요일 · 공휴일 12:00–18:00

ON PEDDER 온 페더
Location. Landmark BF **Tel.** 852–2342–8308 **Open.**
10:30–19:30

TASSELS 태슬
Location. Landmark BF 64–65 **Tel.** 852–2789–9911
Open. 10:30–20:00

07

BALENCIAGA 발렌시아가

Location. Landmark 2F **Tel.** 852-2798-8892 **Open.** 월-토요일 10:00-19:30, 일요
일 · 공휴일 10:30-19:30 **www.**balenciaga.com

08

VALENTINO 발렌티노

Location. Landmark GF **Tel.** 852-2523-8035
Open. 10:30-19:30 **www.**valentino.com

09
CÉLINE 셀린느

Location. Landmark GF **Tel.** 852-2525-1281
Open. 월-토요일 10:00-19:30, 일요일 11:00-19:00
www.celine.com

10

Dior 디올

Location. Landmark GF **Tel.** 852-800-969-886
Open. 월-토요일 10:30-19:30, 일요일 · 공휴일 11:00-
19:00 **www**.dior.com

11

GUCCI 구찌

Location. Landmark G · BF **Tel.** 852-2524-4492
Open. 10:00-19:30 **www**.gucci.com

12

STELLA McCARTNEY
스텔라 맥카트니

Location. Landmark 2F **Tel.** 852-2801-6793
Open. 10:30-19:30 **www**.stellamccartney.com

13
L'ATELIER LE JARDIN
de Joël Loubuchon
조엘 로부숑 아틀리에 르 자뎅

정통 프렌치 레스토랑으로 세계적인 스타 셰프이자 홍콩 미슐랭 쓰리 스타에 랭크된 조엘 로부숑의 홍콩 1호 점. 4층 L'ATELIER 레스토랑은 사전 예약이 필수이다. 점심시간에 방문하면 좀 더 저렴한 프리 픽스 가격의 런치 세트를 맛볼 수 있다. 레스토랑 디너 세트는 1,098HK$, 런치 세트는 498HK$부터이고 서비스료 10%는 별도이다.

Type. French Cuisine **Location.** Landmark 4F **Tel.** 852−2166−9000 **Open.** 런치 12:00−14:30, 디너 18:30−22:30 **www**.robuchon.hk

14
LE SALON DE THÉ
de Joël Robuchon
조엘 로부숑 살롱 드 테

Type. Cafe **Location.** Landmark 3F **Tel.** 852-2166-9088 **Open.** 8:00-20:00 / 애프터
눈 티 15:00-18:00(주말 · 공휴일 14:00-18:00) **www.robuchon.hk**

랜드마크 몰 내부를 내려다보는 3층 가장자리에 위치한 레스토랑 조엘 로부숑의 카페. 조엘 로부숑 레스토랑의
가격과 분위기가 부담스럽다면 이곳에서 간단한 샌드위치나 파니니, 빵과 함께 차와 커피를 곁들이는 것이 좋
다. 로스트비프와 아보카도가 가득 들어간 바게트 샌드위치는 한 끼 식사로도 좋을 만큼 든든하다.

생과일을 으깨어 만든 아이스티도 추천. 오후 3시부터 6시까지 제공되는 애프터눈 티 세트도 인기이다. 세트에
는 작은 사이즈의 다양한 디저트와 함께 차나 커피가 세트로 제공된다(애프터눈 티 세트 가격은 1인 298HK$, 2인
558HK$. 서비스료 10% 별도).

15
CIAK IN THE KITCHEN
치악 인 더 키친

Type. Italian Cuisine　**Location.** Landmark 3F　**Tel.** 852-2522-8869　**Open.**
11:30-22:30, 일요일 브런치 뷔페 11:30-15:30　**www**.ciakconcept.com

홍콩의 넘버 원 이탈리안 레스토랑 오또 에 메쪼Otto e Mezzo의 스타 셰프 움베르토 봄바나Umberto Bombana가
랜드마크에 새롭게 오픈한 캐주얼 이탈리안 트라토리아Trattoria. 미슐랭 쓰리 스타를 받은 오또 에 메쪼에 비해
캐주얼한 분위기에서 좀 더 낮은 가격으로 봄바나 셰프 지휘 하에 만들어진 이탈리아 요리를 맛볼 수 있다. 이
탈리아에서 직접 공수한 밀가루와 식재료로 만들어진 수제 파스타, 피자 등 질 높은 한 끼 식사를 할 수 있다.
2013년 등장, 다음 해 바로 미슐랭 스타를 획득했다. 파스타류는 180-200HK$, 두 가지 요리의 런치 세트는
298HK$, 일요일에는 뷔페식 주말 브런치 메뉴가 398HK$에 제공된다.

16
CHINA TANG 차이나 탕

Type. Chinese Cuisine **Location.** Landmark 4F **Tel.** 852–2522–2148 **Open.** 12:00–
23:00 **www**.chinatang.hk

2007년, 영국 도체스터 호텔에 오픈한 차이니스 레스토랑 차이나 탕이 2013년 홍콩 랜드마크에 오픈했다. 화
려한 중국풍의 앤티크 가구와 소품으로 꾸며 동양적 분위기가 물씬 풍기는 고급스러운 인테리어로 서양 사람
들에게 인기 높은 고급 차이니스 레스토랑이다. 양은 적지만 섬세한 맛과 모양의 딤섬과 북경 · 사천 · 광둥 지
방 요리를 맛볼 수 있다. 가격은 1인당 400HK$ 이상으로 높은 편이다. 딤섬을 맛보려면 점심시간에 방문할 것.

17
ZUMA 주마

Type. Japanese Cuisine **Location.** Landmark 5F(G층 구찌 매장 왼쪽 엘리베이터를 이용하여 6층에서 내려 계단 이용) **Tel.** 852-3657-6388 **Open.** 런치11:30-14:30, 디너 18:00-23:00, 주말 브런치 11:00-13:00, 14:00-16:00 **www.zumarestaurant.com**

런던에서 오픈한 바 콘셉트의 일식 레스토랑 주마ZUMA의 홍콩 지점. 모던한 이자카야 스타일로 신선한 스시와 로바다야키 메뉴 등을 다양한 주류와 즐길 수 있어 홍콩 현지인들과 주재원들 사이에 꾸준히 인기 있는 곳이다. 오픈 키친에 스시 카운터가 넓은 레스토랑 한가운데 자리 잡아 생동감이 느껴진다.

18
MAKMAK 막막

홍콩에서 다수의 인기 레스토랑을 경영하는 JIA 그룹에서 2016년 새롭게 오픈한 캐주얼 타이 레스토랑. 타이 출신 셰프가 요리하는 톰얌꿍, 팟타이, 커리 등 전통적인 타이 메뉴로 인기를 끌고 있다. 인기가 많은 레스토랑이니 사전에 전화 예약을 하는 것이 좋다.

Type. Thai Cuisine **Location.** Landmark 2F(지미추 매장 앞 에스컬레이터로 올라가 좌측) **Tel.** 852−2983−1003 **Open.** 런치 12:00−14:30, 디너 18:00−22:30 **www.**landmark.hk/en/dining/mak−mak

19
PRET A MANGER

프레 타 망제

Type. Cafe **Location.** Landmark 3F **Tel.** 852-2840-0129 **Open.** 월-금요일 7:30-
21:00, 토요일 8:00-20:00, 일요일 · 공휴일 8:30-20:00 **www**.pret.com.hk

영국계 샌드위치 전문점으로 화학 첨가물과 방부제를 넣지 않은 재료를 사용하
는, 건강 패스트푸드를 표방하는 곳이다. 이 근처 직장인들이 가볍게 점심을 먹기
위해 자주 찾는 카페이다. 밥값이 비싼 랜드마크의 레스토랑이 부담스럽다면 이
곳에서 샌드위치와 샐러드, 수프로 간단히 해결하자. 커피는 100% 오가닉 원두
를 사용한다.

20
simply life
심플리 라이프

Type. Cafe **Location.** Landmark BF **Tel.** 852–2978–3929 **Open.** 7:30 – 20:00, 주말 ·
공휴일 8:30 – 20:00 **www.**simplylife.com.hk

랜드마크 몰 지하에 위치한 오픈 카페로 다양한 빵과 샌드위치, 샐러드가 진열되
어 있다. 차와 커피, 요거트를 먹을 수 있는 캐주얼하면서도 분위기 있는 카페로,
시간이 없는 여행객들이 간단한 식사나 차를 마시며 쉬어 가기 좋은 곳이다.

21
fuel ESPRESSO

퓨얼 에스프레소

Type. Cafe **Location.** Landmark BF(GF 미우미우 매장 옆 에스컬레이터 아래) **Tel.** 852–2869–9019 **Open.** 7:30–19:30, 주말 · 공휴일 10:00–19:30 **www**.fuelespresso.com

홍콩 최고의 커피를 맛볼 수 있는 뉴질랜드 에스프레소 카페 브랜드. 랜드마크 지하 구찌 매장 옆에 자리한 이 세련된 인테리어의 카페는 이 근처 직장인들과 쇼핑객들로 종일 앉을 자리 없이 붐비는 홍콩의 가장 인기 있는 에스프레소 카페이다. 숙련된 바리스타가 내려 주는 깊고 진한 향의 커피를 추천한다. 오랫동안 여운이 남는 맛으로 기억될 것이다. 아름다운 패키지에 담긴 이곳의 원두는 선물용으로도 좋다. 촉촉한 당근 케이크와 초콜릿 케이크도 맛이 일품이다.

©fuel espresso

22

CAFE LANDMARK

카페 랜드마크

랜드마크 2층 중앙에 자리 잡은 오픈 카페로, 다국적 메뉴를 맛볼 수 있는 곳이다. 점심시간은 늘 붐빈다. 이른 아침에 오픈하는데, 아침 시간에는 메인 요리, 주스, 커피, 빵을 제공하는 세트를 추천한다. 합리적인 가격에 양도 푸짐하다.

추천 메뉴로는 차이니스 브렉퍼스트와 종일 메뉴인 랍스터 파스타. 가격은 300HK$로 비싸지만 독특한 크림소스가 어우러져 맛이 일품이다. 점심 이후 3시부터 6시까지는 딤섬과 디저트, 차나 커피가 곁들여진 애프터눈 티 세트를 제공한다. 저녁 시간보다는 아침, 점심, 애프터눈 티를 추천한다.

Type. Cafe **Location.** Landmark 1F **Tel.** 852-2526-4200 **Open.** 월-토요일 8:00-21:00, 일요일 · 공휴일 9:00-21:00

Pacific Place

Best Shops

Harvey Nichols 하비 니콜스
JOYCE 조이스
I.T 아이티
GOYARD 고야드
Church's 처치스
JOYCE BEAUTY 조이스 뷰티
WISE KIDS 와이즈 키즈
ThE SWANK 스웽크
Harvey Nichols Kids
하비 니콜스 키즈
Lane Crawford Home
레인크로포드 홈

KELLY&WALSH 켈리 앤 월시
drivepro 드라이브 프로
DG Lifestyle store
DG 라이프스타일 스토어
CÉLINE 셀린느
CHANEL 샤넬
HERMÈS 에르메스
Seed HERITAGE 씨드
great 그레이트

Restaurants + Cafe

THAI BASIL 타이 바질
PEKING GARDEN 페킹 가든
Triple-O's 트리플–오

the petit café 쁘띠 카페
c'est la B 세라 비

애드미럴티의 대형 쇼핑몰

센트럴과 완차이 사이, 애드미럴티에 위치한 대규모 쇼핑몰. MTR 애드미럴티 역과 연결되어 있다.

퍼시픽 플레이스는 세 개의 동 One, Two, Three로 나뉘는데, One과 Three 퍼시픽 플레이스는 오피스 빌딩이고, Two 퍼시픽 플레이스는 거대한 쇼핑몰이다. 레스토랑, 영화관, 럭셔리·스파·스포츠 브랜드 등 다양한 종류의 매장이 입점해 있다. 몰 위로는 샹그릴라, 콘래드, JW 메리어트, 어퍼 하우스 호텔과 연결되어 있어 이곳에 투숙하는 여행객에는 더할 나위 없이 편리한 쇼핑 플레이스이다.

명품 브랜드 매장 중심이지만 편집숍, 스포츠용품, 자라ZARA, 코스COS 같은 스파 브랜드 등 대중적인 브랜드가 함께 있어 쇼핑의 폭이 크다. 지하에는 고급 슈퍼마켓인 그레이트great가 입점되어 있다.

또한, 다국적 요리를 맛볼 수 있는 인기 레스토랑들이 몰 안에 있어 식사와 쇼핑을 한 곳에서 만족스럽게 할 수 있다.

Address. Pacific Place, 88 Queensway(太古廣場, 香港金鐘道 88 號) **Location.** MTR Admiralty 역 F 출구 **Tel.** 852-2844-8900 **www.**pacificplace.com.hk

01

Harvey Nichols

하비 니콜스

Location. L1, 130 / L2, 238 Tel. 852-3968-2668 Open. 10:30-20:00, 목-토 요일 10:30-21:00 www.harveynichols.com

퍼시픽 플레이스에서 가장 큰 규모의 대표 스토어. 명품 브랜드 편집숍 하비 니콜스는 랜드마크에도 입점했지만, 퍼시픽 플레이스 지점이 규모가 더 크고 취급하는 브랜드도 더 많다. 널찍한 2층 규모 매장에 수입 화장품, 주얼리, 가방과 슈즈 매장, 캐주얼 웨어와 명품 브랜드 의류가 가득하다. 매장은 여러 브랜드 매장이 단독 부스를 갖춘 백화점 형태의 구조로 이루어져 있다.

1층 매장 쪽에는 수입 아동 의류를 취급하는 키즈 전문 매장이 있어 다양한 브랜드의 명품 아동복을 볼 수 있는데, 호주의 제이 크루J.Crew라 할 수 있는 씨드 Seed HERITAGE와 프렌치 아동복 자카디jacadi 매장도 있다. 1층 매장 중앙의 선글라스와 안경 전문 매장인

글라스티크glasstique는 린다 페로우LINDA FARROW 와 톰 브라운THOM BROWNE, 디올Dior, 샤넬CHANEL 등 유명 브랜드의 패셔너블한 선글라스가 가득하다. 하비 니콜스 1층 매장 안에서 지하로 연결되는 에스컬레이터를 타고 내려가면 고급 슈퍼마켓 그레이트 great와도 연결된다. 2층에는 알라이아ALAIA, 랑방 LANVIN, 발렌티노VALENTINO의 숍 인 숍이 가장자리에 있고, 여성&남성 의류를 브랜드별로 모아 둔 편집숍이 중앙에 있다.

알렉산더 왕ALEXANDER WANG, 엠에스지엠MSGM, 모스키노MOSCHINO, 아쉬쉬ASHISH, 아디다스adidas, 스텔라 매카트니STELLA McCARTNEY, 이큅먼트 EQUIPMENT 등의 컨템포러리 브랜드를 만날 수 있다.

하비 니콜스의 주요 브랜드

Designer collections

알라이아 · 랑방 · 발렌티노

Kids

씨드 · 몽클레어MONCLER · 마르니MARNI · 스텔라 매카트니 · 폴로POLO · 누메로 벤투노 N° 21

Contemporary

알렉산더 왕 · 엠에스지엠 · 모스키노 · 아쉬쉬 · 아디다스 · 스텔라 매카트니 · 이큅먼트

Accessories&Jewelry

비타페드VITAFEDE, 주미 림Joomi Lim, APM 모나코APM Monaco, 케네스 제이 레인Kenneth Jay Lane

Eyewear

글라스티크

02
JOYCE 조이스

Location. L2, 232 Tel. 852-2523-5944 Open. 10:30-20:00, 금-토요일
10:30-20:30 www.joyce.com

베트멍VETEMENTS, 발렌시아가BALENCIAGA, 지방시GIVENCHY, 생 로랑SAINT LAUREN, 발망BALMAIN, 톰 브라운THOM BROWNE, 사카이sacai, 마커스 루퍼MARKUS LUPFER, 릭 오웬스Rick Owens, 프로엔자 슐러Proenza Schouler, JW 앤더슨JW ANDERSON, 토가TOGA와 같은 현재 가장 인기 있는 디자이너 브랜드로 가득한 홍콩의 역사 깊은 명품 편집숍이다. 여성 의류뿐만 아닌 남성 의류도 선택의 폭이 넓다. 지금 가장 트렌디한 의류와 액세서리가 보고 싶다면 이곳으로 가 보자. 마크 크로스Mark Cross, 올림피아 르탱Olympia le-tan의 가방, 메종 미쉘Maison Michel의 모자도 볼 수 있다.

여름과 겨울, 1년에 두 번 있는 세일 기간에 방문하면 30%~50% 할인된 가격의 득템 기회가 있다. 조이스 본점인 센트럴 지점보다 취급 브랜드 수와 규모는 작지만 이곳에서만 취급하는 브랜드가 있으니 체크해 보자.

조이스의 주요 브랜드

Designer Collections

발렌시아가 · 지방시 · 생 로랑 · 발망 · 베트멍 · 톰 브라운

Contemporary

사카이 · 마커스 루퍼 · 릭 오웬스 · 프로엔자 슐러 · JW 앤더슨 · 토가

Accessories

메종 미쉘 · 안야 힌드마치ANYA HIDMARCH

Bag&Shoes

발렌시아가 · 끌로에Chloé · 마크 크로스 · 톰 브라운 · 올림피아 르탱 · 알라이아ALAIA · 로에베LOEWE · 지방시

03
I.T 아이티

꼼 데 가르송COMME des GARÇONS , 준야 와타나베JUNYA WATANABE, 시몬 로샤Simone Rocha, 아크네 스튜디오 Acne Studios, 로샤스ROCHAS, 누메로 벤투노Nº 21를 비롯, 일본과 유럽 디자이너의 개성 강한 옷과 독특한 액세서리가 많은 명품 브랜드 편집숍이다. 레인 크로포드나 하비 니콜스보다 젊고 독특한 분위기의 셀렉션을 갖추고 있다. 남들과는 다른 개성 있는 아이템을 찾고 싶은 패션 고수라면 들러 봐야 할 매장이다. 여성 의류와 남성 의류를 같이 볼 수 있다.

Location. L2, 252 **Tel.** 852-2918-0667 **Open.** 10:30-21:00 **www**.ithk.com

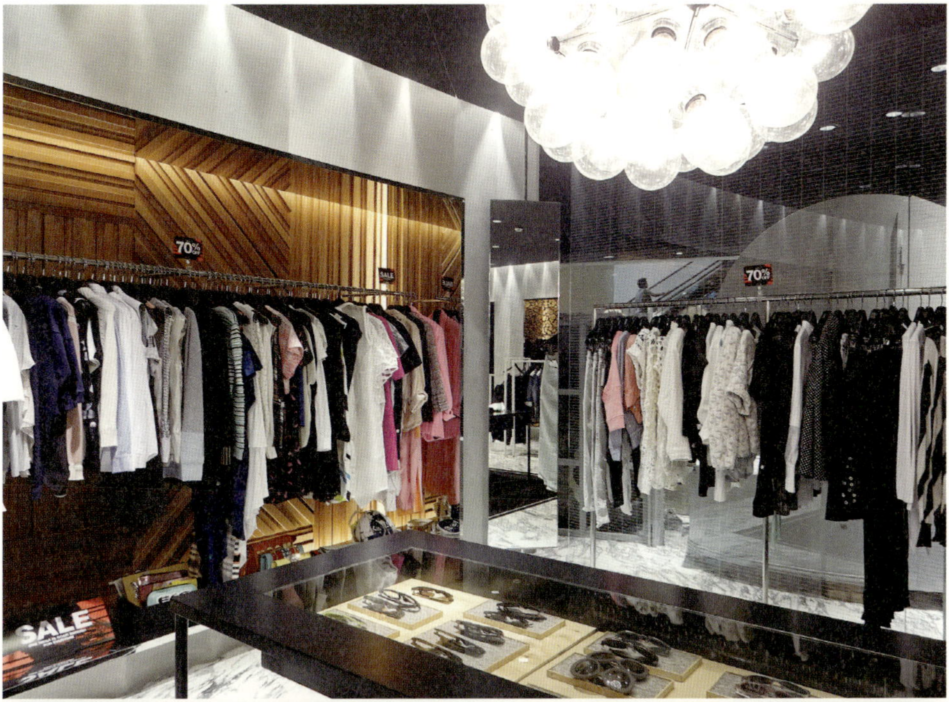
70%
70%
SALE

SALE
60%
SALE

I.T
I.T

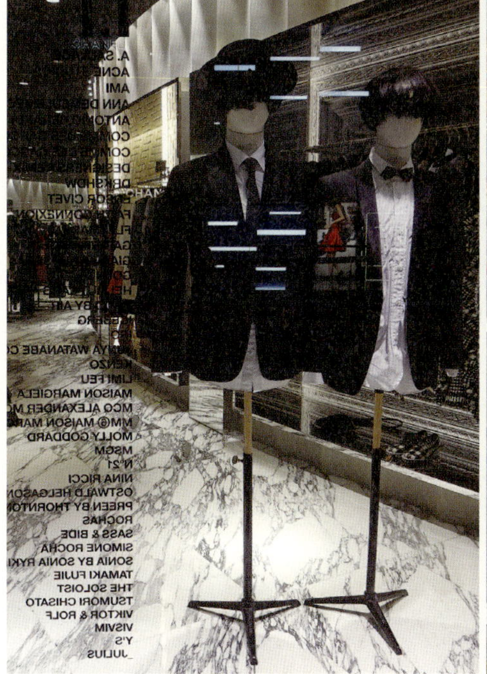

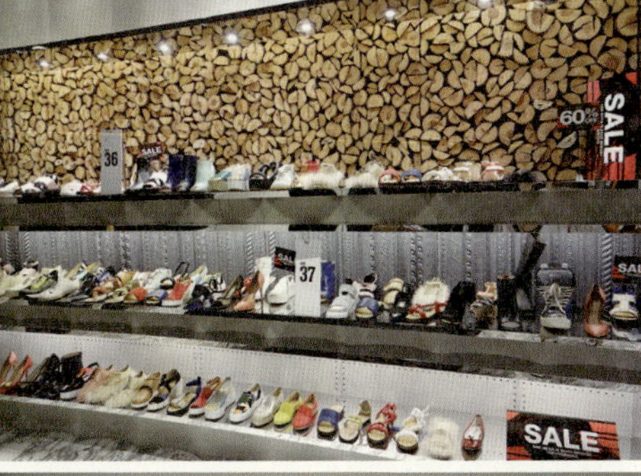

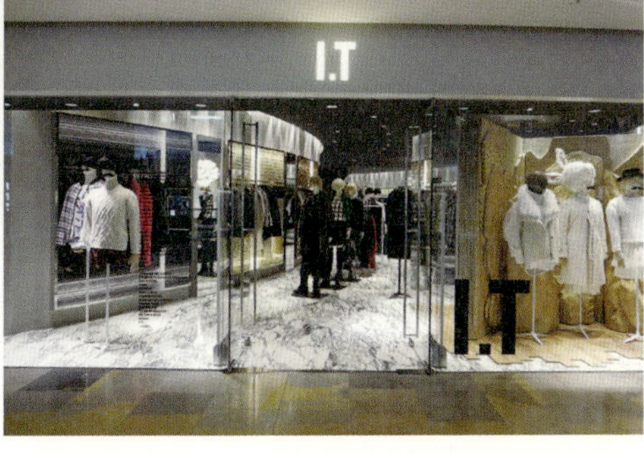

04
GOYARD 고야드

Location. L3, 362 **Tel.** 852-2826-5268 **Open.** 10:00-19:30 **www.**goyard.com

프랑스 가방 브랜드로 홍콩섬에서는 퍼시픽 플레이스 지점이 유일하다. 이제껏 홍콩 내 고야드 매장은 카오룽 지역의 페닌슐라 호텔 아케이드 한 곳에만 있었는데, 2014년에 퍼시픽 플레이스에도 매장을 열었다. 우아한 매장 내부에 핸드백, 여행용 캐리어, 지갑 등 고야드의 프린트로 만든 가죽 제품이 가득하다.

05
Church's 처치스

영국의 수제화 전문점 처치스의 매장. 남성화와 여성화 컬렉션을 함께 볼 수 있는 매장이다. 시즌 세일 기간에는 일부 디자인을 30% 할인된 가격에 판매한다.

Location. L3, 361 **Tel.** 852-2918-1091 **Open.** 10:30-20:00 **www**.church-footwear.com

06
JOYCE BEAUTY
조이스 뷰티

Location. L1, 152 **Tel.** 852-3798-0172 **Open.** 10:30-20:30 **www.**joyce.com/
beauty

편집숍 조이스의 뷰티 매장. 조이스의 안목으로 고른 특별한 브랜드의 스킨 · 보
디 · 헤어 케어 제품과 아닉 구딸ANNICK GOUTAL, 프레데릭 말FREDERIC MALLE,
메종 프랑시스 커정Maison Francis Kurkdjian의 향수, 씨흐 트루동CIRE TRVDON의 향
초를 볼 수 있다.

07
WISE KIDS
와이즈 키즈

홍콩의 수입 어린이 장난감 체인점. 유럽에서 수입한 블록, 인형, 자동차, 퍼즐 등을 판매한다. 자녀를 동반한 가족 여행자나 어린이 선물을 찾는 여행자가 들러보면 즐거운 곳이다. 플레이 모빌playmobil, 독일 슈타이프Steiff사의 인형과 다양한 종류의 블록, 스티커북 등이 진열장 가득 들어차 있다.

Location. L1, 134 **Tel.** 852–2868–0133 **Open.** 일–수요일 10:00–20:00, 목–토요일 10:00–21:00 **www.**wisekidstoys.com

08
ThE SWANK
스웽크

역사 깊은 이탈리아 브랜드 중심의 소규모 편집숍. 다른 편집숍보다 작은 규모로, 럭셔리 브랜드를 취급한다. 젊은 사람보다는 연령대가 높은 사람들에게 추천한다. 대표적으로 이탈리아 럭셔리 브랜드 브루넬로 쿠치넬리BRUNELLO CUCINELLI가 있다. 스웽크와 단독 매장에서 들여오는 제품 종류가 다르고, 세일 기간에는 단독 매장보다 높은 할인율이 높으므로 미리 체크해 보면 좋다. 여성 패션도 취급하지만 남성 패션이 더 볼 만하다. 브루넬로 쿠치넬리 외에도 브리오니Brioni, 코넬리아니CORNELIANI 등 이탈리아 신사복이 주를 이룬다.

Location. L2, 230 **Tel.** 852–2845–4929 **Open.** 10:30–19:30, 금–토요일 10:30–20:00
www.swank.hk

09
Harvey Nichols Kids
하비 니콜스 키즈

하비 니콜스 1층 안쪽에 자리 잡은 수입 키즈 브랜드 전문 매장. 이곳에는 아동용 슈즈, 백, 의류, 액세서리까지 키즈 패션의 모든 것이 있다. 엠에스지엠MSGM, 미니 로디니mini rodini, 몽클레어MONCLER, 겐조KENZO, 누메로 벤투노N° 21, 스텔라 매카트니STELLA McCARTNEY, 마르니MARNI, 아디다스 오리지널adidas Original의 키즈 라인 의류와 스튜어트 와이츠먼STUART WEITZMAN의 아동용 슈즈, 아디다스adidas, 나이키NIKE 등의 운동화, 이탈리아 브랜드 그레비GREVI의 가방, 레이밴Rayban 선글라스까지 성인용 디자이너 브랜드를 축소해 놓은 듯한 귀여운 아이템으로 가득하다. 특별한 날이나 파티를 위한 고급스러운 드레스도 종류가 많아 고르는 즐거움이 있다.

Location. L1, 130 / L2, 238 **Tel.** 852-3968-2668 **Open.** 일-수요일 10:30-20:00, 목-토요일 10:30-21:00 **www.harveynichols.com**

10
Lane Crawford Home
레인크로포드 홈

퍼시픽 플레이스 로비 층 중앙에 위치한 편집숍 레인 크로포드의 홈 매장이다. 커다란 매장 안에는 전 세계에서 수입한 디자이너 가구와 그릇, 이불, 가전, 조명, 향초, 침구로 가득하다. 알레시ALESSI, 르쿠르제LECRUSET의 주방 기구와 포르나세티FORNASETTI의 향초와 가구, 톰딕슨Tom Dixon, 헤이HAY의 인테리어 소품과 각종 브랜드의 휴대용 스피커, 와인 용품, 리모와RIMOWA 캐리어, 시흐 트루동Cire Turdon의 향초와 디퓨저, 런드레스THE LAUNDRESS의 세제, 프레테Frette와 프라테시Pratesi의 침구 등 보고 있으면 눈이 즐거워지는 인테리어 소품이 가득한 곳이다.

Location. L1, 126 **Tel.** 852–2118–3652 **Open.** 10:00–21:00 **www.lanecrawford.com**

11
KELLY&WALSH
켈리 앤 월시

아트, 디자인 북을 중심으로 아동 영어 서적, 장난감, 문구를 취급한다. 패션, 사
진, 인테리어 서적의 셀렉션이 특히 풍부해 해당 분야에 관심이 있는 사람이라면
들러 볼 만하다.

Location. L2, 204 **Tel.** 852–2522–5743 **Open.** 10:30–20:00 **www.**swindonbooks.
com

12
drivepro 드라이브 프로

스타워즈 캐릭터, 동물 모양 스피커와 독특한 디자인의 전자 제품을 판매한다. 어른들의 장난감 가게 같은 매장 안에는 각종 전자 제품을 비롯해 가방, 여행용품, 인테리어 소품까지 디자인과 기능성을 겸비한 상품이 가득해 보는 즐거움이 있다.

Location. 2F **Tel.** 852–2662–2333 **Open.** 10:00–22:00 www.drivepro.cn

13
DG Lifestyle store
DG 라이프스타일 스토어

애플 제품을 취급하며 각종 전자 제품 액세서리와 취미 가전을 판매한다. 휴대폰 케이스와 충전기, 스피커, 시계와 가방 등 라이프 스타일 전반을 아우르는 잡화들로 가득하다.

Location. L2, 256 **Tel.** 852–2918–4811 **Open.** 10:00–21:00 www.pacificplace.com.hk

14
CÉLINE 셀린느

Location. L3, 341 **Tel.** 852-2869-4886 **Open.** 10:00–19:30, 금 · 토요일 10:00–20:00 **www.**celine.com

15
CHANEL 샤넬

Location. L2, 225 / L3, 337 **Tel.** 852-2918-1108 **Open.** 10:30–20:00, 금 · 토요일 10:30–20:30 **www.**chanel.com

16
HERMÈS 에르메스

Location. L3, 354 **Tel.** 852-2522-6229 **Open.** 10:30–19:30, 일요일 · 공휴일 11:00–19:00 **www.**hermes.com

17
Seed HERITAGE
씨드

Location. 1F 하비 니콜스 내 **Tel.** 852-3968-2668 **Open.** 일-수요일 10:00–20:00, 목-토요일 10:30–21:00

poultry
fish & shellfish

Tea forté

18
great 그레이트

퍼시픽 플레이스 지하에 있는 대형 슈퍼마켓. 신선한 과일과 채소, 전 세계의 치즈와 과자, 차, 소스, 면, 향신료 등 다양한 식재료가 갖추어져 있다. 패키지가 예쁜 수입 과자들과 선물용으로 좋을 마리아주 프레르Mariage Freres와 웨지우드Wedgewood, 쿠스미KUSMI 등의 티 셀렉션이 볼 만하다. 식료품 외에도 샐러드 바, 피자를 주문할 수 있는 베이커리 코너가 인기다.

Location. LG1, GREAT **Tel.** 852-2918-9986 **Open.** 10:00-2:00 **www.**
greatfoodhall.com

19
THAI BASIL 타이 바질

퍼시픽 플레이스 내의 레스토랑 중 가장 인기 있는 타이 음식점. 커다란 새우가 통
째로 들어간 옐로 커리와 모닝 글로리 볶음, 소프트 셸 크랩 튀김, 팟타이 등 한국
인의 입맛에 잘 맞는 메뉴가 많다. 언제나 손님들로 꽉 차 있다.

Type. Thai Cuisine **Location.** LG1, 001 **Tel.** 852–2537–4682 **Open.** 11:30–23:00
www.maxconcepts.com.hk

20
PEKING GARDEN
페킹 가든

Type. Chinese Cuisine Location. LG1, 005 Tel. 852–2845–8452 Open. 런치 11:30–16:30, 디너 17:30–23:30 www.maximschinese.com.hk

페킹 덕 요리로 유명한 중국 음식점. 북경 오리 한 마리를 통째로 구워 잘게 썬 오이와 파를 밀전병에 싸 먹으면 그 맛이 일품이다. 페킹 덕은 주로 하루 전에 레스토랑에 전화로 예약 주문해야 한다.

21
Triple-O's
트리플-오

Type. American Cuisine **Location.** LG1 그레이트 슈퍼 내 **Tel.** 852-2873-4000 **Open.**
10:00-22:00 **www.tripleos.com.hk**

캐나다 햄버거 체인점으로 그레이트 슈퍼마켓 안의 푸드 홀에 있다. 주문하면 뒤
에 있는 주방에서 바로 100% 소고기 패티를 구워 낸다. 트리플 오의 특제 소스
를 곁들인 오리지널 버거와 뉴질랜드산 생선을 튀겨 타르타르소스를 얹어 내는
피시 버거가 인기 메뉴다.

22
the petit café 쁘띠 카페

퍼시픽 플레이스 건물 4층 밖으로 나오면 야외와 연결된 히든 플레이스, 쁘띠 카페가 있다. 이곳에는 커피와 차, 생과일주스, 샌드위치 등 차와 먹을 수 있는 간단한 메뉴가 있다. 홍콩 몰 안에 있는 레스토랑은 식사 비용이 높은 편인데, 이곳에서는 부담 없는 한 끼를 즐길 수 있다. 3층 에르메스 남성 매장 우측에 있는 에스컬레이터를 이용해 4층으로 올라가, 좌측 문을 통해 야외로 나가면 찾을 수 있다.

Type. Cafe **Location.** 4F **Tel.** 852–2918–9293 **Open.** 7:30–21:00, 일요일 · 공휴일 8:30–20:00 www.maxconcepts.com.hk

23
c'est la B 세라 비

알록달록 화려한 컬러의 소파와 인테리어가 강렬한 인상을 주는 카페. 인테리어만큼이나 화려한 컬러와 디자인의 아름다운 케이크로 유명한 케이크 전문점 미시즈 비 케이커리Ms B's CAKERY의 카페이다.
가장 인기 있는 케이크 메뉴는 모양도 이름도 강렬한 '베러 댄 섹스Better Than Sex' 와 '마담 버터 플라이Madame Butterfly'. 베러 댄 섹스는 진한 초콜릿 케이크 위에 캐러멜 크런치와 슈거 입술이 올라가 있는 달콤한 케이크이고 마담 버터 플라이는 비트, 피스타치오, 초콜릿의 삼색 스펀지 위에 살구와 슈거로 만든 나비를 얹은 아름다운 케이크이다. 푹신한 소파에서 달콤하고 예쁜 디저트와 차를 마시며 쉬어 가기 좋다.

Type. Cafe **Location.** L2, 202 **Tel.** 852−2536−0173 **Open.** 10:00−22:00
www.msbscakery.hk

Harbour City

Best Shops

Lane Crawford 레인 크로포드
JOYCE 조이스
I.T 아이티
Christian Louboutin
크리스찬 루부탱
DELVAUX 델보
MONCLER 몽클레어
BAO BAO ISSEY MIYAKE
바오바오 이세이 미야케
baby Dior 베이비 디올
STELLA McCARTNEY Kids
스텔라 맥카트니 키즈
DOLCE&GABBNA CHILDREN
돌체&가바나 칠드런
GUCCI Kids 구찌 키즈
Bonpoint 봉쁘앙
PETIT BATEAU 쁘띠 바토
BAROCCO 바로코

ATELIER DE COURCELLES
아틀리에 데 쿠셀
ABEBI 아베비
Seed Heritage 씨드
mothercare 마더케어
kids 21 키즈 21
ToysRus 토이저러스
ZARA HOME 자라 홈
CHANEL 샤넬
HERMÈS 에르메스
Lane Crawford Beauty
레인 크로포드 뷰티
JOYCE Beauty 조이스 뷰티
Roger Vivier 로저 비비에
SAINT LAURENT 생 로랑
NIKE KICKS LOUNGE
나이키 킥스 라운지
Giga Sports 기가 스포츠

Best Restaurants + Cafe

AL MOLO 알 모로
GREYHOUND Café
그레이하운드 카페
PIZZA EXPRESS 피자 익스프레스
Nah Trang 나트랑

BLT BURGER BLT 버거
LADY M NEW YORK 레이디 엠 뉴욕
LA STATION 라 스타시옹
Vivienne Westwood CAFÉ
비비안 웨스트우드 카페

침사추이에 위치한 아시아 최대 규모의 쇼핑몰

침사추이 스타 페리 선착장 바로 옆에 길게 뻗은 거대한 몰 안에 아시아 최대, 최다 규모의 명품 브랜드 매장, 편집숍, 서점, 스포츠 매장, 아동 전문 매장, 슈퍼마켓, 레스토랑 등이 입점해 있다.

하버 시티에는 홍콩에 진출한 거의 모든 브랜드가 입점되어 있어 이곳저곳 오가며 쇼핑할 시간이 없는 여행객이라면 이곳만 방문해도 될 정도이다. 홍콩 최대 규모의 쇼핑몰답게 하버 시티는 전 세계에서 모여든 관광객과 현지 쇼핑객으로 늘 붐빈다. 몰의 규모가 워낙 커서 쇼핑 구역이 크게 4구역으로 나누어져 있는데, 무작정 걷다가는 똑같은 곳만 맴돌게 되기 쉬운 구조이다. 현재 자신의 위치와 몰 전체의 대략적인 구조를 확인하고 움직여야 쇼핑 시간과 수고를 덜 수 있다.

하버 시티 오션 터미널 밖으로는 빅토리아 항 너머로 보이는 홍콩섬의 웅장하고 화려한 빌딩 숲을 조망할 수 있는 광장이 있어 쇼핑과 관광을 함께 즐길 수 있다. 하버 시티 광장은 낮은 낮대로 밤은 밤대로 홍콩섬의 경치가 파노라마처럼 펼쳐져, 모두가 길을 걷다 멈춰 서서 셔터를 누르게 되는 유명한 장소이기도 하다. 이곳에서 보는 야경이 장관이므로 오후 동안 쇼핑을 끝내고, 광장으로 나와 매일 저녁 8시 빅토리아 항에서 펼쳐지는 심포니 오브 라이츠Symphony Of Lights 레이저 쇼를 관람하길 추천한다.

Address. 3-27 Canton Road, Tsim Sha Tsui, Kowloon(海港城, 九龍尖沙咀廣東道 3-27號) **Location.** MTR Tsim Sha Tsui 역 A1 출구, 스타 페리 침사추이 피어 앞 **Open.** 10:00-22:00 **Tel.** 852-2118-8666 **www.harbourcity.com.hk**

01
Lane Crawford

레인 크로포드

아시아 최대 규모인 하버 시티 안에서도 가장 규모가 큰 매장이다. 로비인 G층부터 3층까지 넓은 운동장 규모의 매장 안에 남성복, 여성복, 아동, 화장품, 인테리어 소품 등 레인 크로포드가 수입하는 모든 품목과 브랜드를 볼 수 있다. 편집숍이라기보다는 백화점에 가까운 규모로 한 바퀴 둘러보는 데만 해도 꽤 시간이 걸린다.

레인 크로포드는 매장별로 취급하는 브랜드 수와 종류가 다른데, 이곳 하버 시티 매장은 레인 크로포드가 수입하는 모든 브랜드를 취급하며, 브랜드별 매장 하나하나의 규모가 크다. 세일 기간에는 시즌 상품을 40%~50% 할인한다.

Location. Marco Polo Hong Kong Hotel Arcade G01, 101, 201, 201A, 301A, 330, 331
Tel. 852-2118-1111 **Open.** 10:00-22:00 **www.lanecrawford.com**

DOLCE & GABBANA

02
JOYCE 조이스

레인 크로포드Lane Crawford보다 규모는 작지만 매 시즌 가장 트렌디한 브랜드
와 아이템을 선보이는 편집숍이다. 지하에는 톰 브라운THOM BROWNE, 지방시
GIVENCHY, 릭 오웬스Rick Owens 등의 남성 패션, 1층에는 발망BALMAIN, 발렌시아
가BALENCIAGA, 록산다ROKSANDA, 스텔라 맥카트니STELLA McCARTNEY, 마르니
MARNI, 알렉산더 맥퀸ALEXANDER McQUEEN, 셀린느CÉLINE, 토가TOGA, 주세페
자노티GIUSEPPE ZANOTTI, 알라이아ALAIA 등의 여성 패션을 세련된 디스플레이와
함께 볼 수 있다.

Location. Gateway Arcade G106 **Tel.** 852-2367-8128 **Open.** 11:00-21:00, 금-일요일
11:00-22:00 **www.**joyce.com

03

I.T 아이티

레인 크로포드, 조이스JOYCE와 함께 홍콩의 3대 편집숍 중 하나로, 독특하고 개성 있는 브랜드를 바잉해 젊은 패션 마니아들에게 인기다. 아크네 스튜디오Acne Studios, 이자벨 마랑ISABEL MARNT, 시몬 로샤Simone Rocha, 누메로 벤투노N° 21, 이로IRO, 마커스 루퍼MARKUS LUPFER, 꼼 데 가르송COMME des GARÇONS, 엠에스지엠 MSGM의 의류와 조슈아 샌더스JOSHUA SANDERS의 슈즈 등 핫한 브랜드를 만날 수 있는 곳이다. 세일 시즌에는 전 품목을 30%~60% 할인한다.

Location. Gateway Arcade 2219-20 **Tel.** 852-2175-5112 **Open.** 11:00-22:00
www.ithk.com

04
Christian Louboutin
크리스찬 루부탱

레드 솔의 아찔한 하이힐로 유명한 크리스찬 루부탱의 단독 매장. 인기 있는 누드 컬러의 하이힐부터 스웨이드 부츠, 징이 박힌 스터드 로퍼가 화려한 진열대에 아찔한 자태로 디스플레이되어 있다. 화려한 하이힐이 많아 매일 신는 편한 슈즈는 아니지만 하나쯤 있으면 파티나 저녁 모임에서 빛을 발한다. 세일 시즌에는 일부 상품을 30%~50% 할인한다.

Location. Gateway Arcade G317 **Tel.** 852-2118-6502 **Open.** 10:00-21:00 **www.** christianlouboutin.com

05
DELVAUX 델보

180년 전통의 벨기에 럭셔리 가죽 브랜드 델보의 홍콩 대표 매장. 1883년에 벨기에 왕실 공식 가죽 공급자로 임명되어 그 명성을 오늘날까지 간직한 브랜드이다. 벨기에와 프랑스 공방에서 장인이 제작하는 델보의 대표 제품인 브리앙 백을 다양한 색상으로 만날 수 있는 매장이다.

Location. Ocean Centre 132 **Tel.** 852-2259-9377 **Open.** 10:00-21:00 **www.** Delvaux.com

06
MONCLER
몽클레어

프랑스 프리미엄 구스 다운재킷으로 유명한 몽클레어의 매장. 겨울에도 따뜻한 홍콩 기온에 거위털 패딩이 웬 말이냐 싶겠지만 중국과 한국 등지에서 온 여행객들로 매장 안은 늘 붐빈다. 기본 디자인보다도 한국에서 구할 수 없는 독특한 디자인과 소재의 제품이 많다.

Location. Gateway Arcade G316 · G316A **Tel.** 852–2175–4555 **Open.** 11:00–21:00, 금–일요일 · 공휴일 11:00–22:00 **www.**moncler.com

07

BAO BAO ISSEY MIYAKE

바오바오 이세이 미야케

이세이 미야케의 가방 브랜드로 가방은 가죽이라는 공식을 깬, 새로운 소재와 디자인의 바오바오 백 전문 매장이다. 2010년 출시된 바오바오 백은 작은 PVC 조각을 매시 그물 위에 붙여 만든 백으로, 무게가 가볍고 안에 넣는 물건에 따라 입체적으로 모양이 바뀌는 디자인으로 큰 인기를 끌고 있다.

Location. Ocean Centre 117A **Tel.** 852–2114–0617 **Open.** 10:00–22:00 www.baobaoisseymiyake.com

08
baby Dior
베이비 디올

Location. Ocean Terminal G55 **Tel.** 852–2276–4720 **Open.** 11:00–20:00
www.dior.com

디올의 아동복 매장으로, 럭셔리 브랜드 키즈 라인 중에서도 가장 고급스럽고 가격대도 높다. 매장 입구를 중심으로 양옆에 보이 컬렉션과 걸 컬렉션으로 나뉜다. 디올의 입체적인 패턴이 살아 있는 캐시미어 코트와 질 좋은 니트, 파티 의상 등 고급 중의 고급인 아동복을 볼 수 있는 곳이다. 세일 시즌에 맞춰 가면 유명 브랜드 아동복을 유럽 현지보다도 싸게 살 수 있지만, 이곳만큼은 할인을 하지 않는다. 베이비 디올이 입점한 G층은 디자이너 브랜드의 키즈 매장과 아동, 유아용품 전문 매장, 장난감 가게, 서점 등 아동에 관련한 모든 매장이 한 층에 몰려 있어 쇼핑하기 좋다. 매장 중앙 통로가 넓어 유모차를 끌고 쇼핑하기에도 쾌적하다.

09

STELLA McCARTNEY Kids

스텔라 맥카트니 키즈

Location. Ocean Terminal G32 **Tel.** 852–2107–4222 **Open.** 10:30–21:00
www.stellamccartney.com/experience/en/stellas–world/kids

영국 브랜드 스텔라 맥카트니의 아동복, 스텔라 맥카트니 키즈 매장은 홍콩에서
도 이곳이 유일하다. 신생아부터 24개월까지의 베이비 라인과 2세부터 12세까
지의 키즈 라인을 모두 갖추고 있다. 베이비 라인의 부드러운 오가닉 코튼 제품과
밝고 귀여운 패턴이 들어간 원피스와 티셔츠 등 귀여운 상품으로 보기만 해도 즐
거운 곳이다. 일 년에 두 번 있는 세일 시즌에는 그 해 시즌 전 품목을 30%~50%
할인된 가격에 판매한다.

10
DOLCE&GABBNA Children

돌체&가바나 칠드런

이탈리아를 대표하는 패션 브랜드 돌체&가바나 아동복 매장. 성인용 컬렉션을 그대로 축소해 놓은 듯한 남자아이들의 슈트과 청바지, 화려한 프린트의 여아용 드레스가 매장 가득 걸려 있다.

Location. Ocean Terminal G53A **Tel**. 852–3755–4622 **Open**. 10:30–21:00 **www.**dolcegabbana.com/child

11
GUCCI Kids 구찌 키즈

구찌의 아동복 매장. 구찌의 로고 패턴이 들어간 티셔츠, 가방, 신발, 선글라스까지 구찌 마니아라면 탄성이 나올 매장이다. 구찌의 성인 컬렉션 제품과 같은 디자인을 한 로퍼, 청바지, 코트와 재킷, 니트 등 종류와 사이즈가 다양한 유·아동 제품을 볼 수 있다.

Location. Ocean Terminal G12 **Tel.** 852-2375-6686 **Open.** 10:30-21:00 **www.**dolcegabbana.com/child

12
Bonpoint 봉쁘앙

톤 다운된 컬러와 고급스러운 소재로 한국에서도 큰 인기인 프랑스 아동복 전
문 브랜드. 세일 시즌에는 가격 할인에 들어가지만 할인율은 세일 초반이나 후반
상관없이 동일하게 30%만 적용된다. 홍콩섬에는 센트럴의 프린스 빌딩Prince's
Building과 코즈웨이 베이의 리 가든Lee Gardens 두 곳에 매장이 있지만, 카오룽에
는 이곳이 유일하고 인기 제품의 재고도 가장 많이 남아 있다.

Location. Ocean Terminal G58 **Tel.** 852–2110–4656 **Open.** 10:30–21:00 **www.**
bonpoint.com

13
PETIT BATEAU 쁘띠 바토

Location. Ocean Terminal G09A **Tel.** 852–3188–4051 **Open.** 10:00–22:00 **www.**
petit–bateau.com

프랑스어로 작은 배를 뜻하는 쁘띠 바토는 120여 년 전통의 아동복 브랜드로 편
안하면서도 고급스러운 소재, 엄격한 품질 관리 시스템으로 오랜 기간 전 세계에
서 사랑받고 있다. 부드러운 면 소재의 실내복, 속옷 등으로 유명하다.

14
BAROCCO 바로코

유명 브랜드의 아동복을 모아 놓은 아동복 편집숍이다. 펜디FENDI, 끌로에Chloé, 보스BOSS의 의류와 액세서리, 이탈리아 브랜드의 파티 드레스 등을 볼 수 있다.

Location. Ocean Terminal G48 **Tel.** 852–2377–9828 **Open.** 10:30–20:30

15
ATELIER DE COURCELLES
아틀리에 데 쿠셀

수입 아동복 브랜드 편집숍. 취급 브랜드로는 끌로에, 리틀 마크 제이콥스LITTLE
MARC JACOBS, DKNY 등이다. 세일 시즌 초반에는 30%의 할인율로 시작해서 세
일이 끝날 무렵에는 50%로 할인율이 올라간다.

Location. Ocean Terminal G56 **Tel.** 852–2735–0033 **Open.** 10:30–20:30, 금 · 토요
일 21:00 **www**.atelierdecourcelles.com

16
ABEBI 아베비

몽클레어MONCLER, 돌체&가바나DOLCE&GABBANA, 소니아 리키엘SONUA RYKIEL
의 아동복을 볼 수 있는 편집숍. 몽클레어 키즈와 아동 슈즈 셀렉션이 풍부하다.
세일 시즌에는 몽클레어 재킷도 할인하는데, 할인율은 20%~30% 정도이다.

Location. Ocean Terminal G10 **Tel.** 852–2375–7480, 2377–3844 **Open.** 10:45–
20:30. 금 · 토요일 10:45 –21:00

17
Seed HERITAGE 씨드

스팽글이 달린 스커트와 티셔츠, 귀여운 동물 모양의 양말과 가방, 선글라스, 모자를 비롯해 반짝이는 헤어 액세서리와 장난감까지 어린이의 마음에 꼭 들 만한 사랑스러운 제품으로 가득하다. 신생아부터 16세 청소년까지 폭넓은 사이즈와 디자인을 갖춘 브랜드로 장난감도 취급한다.

Location. Ocean Terminal G17 **Tel.** 852–2375–7948 **Open.** 10:00–20:00
www.seedheritage.com

18

mothercare 마더케어

영국계 유아용품 전문 매장. 이곳에는 출산용품부터 6세 아동의 장난감, 의류까지 육아에 필요한 모든 것이 준비되어 있다. 젖병, 유아 로션, 장난감, 침구 세트, 의류 등 마더케어 자체 브랜드와 외부 브랜드 상품을 함께 볼 수 있다. 어린아이가 있거나 태교 여행 중인 여행객이 들러 보면 좋을 매장이다.

Location. Ocean Terminal G52 **Tel.** 852-2735-5738 **Open.** 10:00-21:30
www.mothercare.com

19
kids 21 키즈 21

싱가포르계 럭셔리 브랜드 편집숍인 클럽 21CLUB 21의 아동복 브랜드 편집숍. 랑방LANVIN, 캐러멜 베이비 앤 차일드caramel baby&child, 폴 스미스Paul Smith, 마르니MARNI, 아크네 스튜디오Acne Studios, 일 구포il gufo, 오스카 드 라 렌타Oscar de la Renta 등의 최고급 아동복을 취급한다.

Location. Ocean Terminal G03B **Tel.** 852–2682–3080 **Open.** 10:30–23:00 **www.**kids21.com

20
ToysRus 토이저러스

하버 시티 오션 센터의 명품 키즈 매장들을 따라 올라가다 보면 건물 끝에 나오는 대형 장난감 매장. 입이 떡 벌어지는 규모의 매장 안으로 들어서면 미국, 유럽, 일본에서 건너온 각종 캐릭터와 브랜드의 장난감이 어린이를 반긴다. 한국 토이저러스에 없는 장난감도 많으니 어린이와 함께 여행한다면 꼭 들러 보자.

Location. Ocean Terminal G21–24 · G39–42 **Tel.** 852–2730–9462 **Open.** 10:00–22:00 **www.toysrus.com.hk**

21
ZARA HOME
자라 홈

패션 브랜드 자라의 홈 데코 브랜드. 2013년에 홍콩 하버 시티에 홍콩에 처음이
자 유일한 매장을 열었다. 합리적인 가격과 이국적인 분위기의 인테리어 잡화를
구입할 수 있는 대형 매장이다.

Location. Gateway Arcade GW3205-6 **Tel.** 852-2880-5068 **Open.**
10:00-22:00 **www**.zarahome.com

22
CHANEL
샤넬

Location. Ocean Centre G003, 251–60 **Tel.** 852–2735–3220 **Open.** 10:00–22:00 **www.**chanel.com

23
HERMÈS
에르메스

Location. Ocean Centre G001 **Tel.** 852–2866–3118 **Open.** 10:00–21:00 **www.**hermes.com

24
Lane Crawford Beauty
레인 크로포드 뷰티

Location. Marco Polo Hong Kong Hotel Arcade G01, 101, 201, 201A, 301A, 330 · 331 **Tel.** 852–2118–1111 **Open.** 10:00–22:00 **www.**lanecrawford.com

25
JOYCE Beauty
조이스 뷰티

Location. Gateway Arcade G106 **Tel.** 852–2367–0860 **Open.** 11:00–21:00, 금 · 토요일 · 공휴일 11:00–22:00 **www.**joyce.com

26
Roger Vivier
로저 비비에

Location. Gateway Arcade G304–6 **Tel.** 852–2175–0383 **Open.** 10:00–22:00 **www**.rogervivier.com

27
SAINT LAURENT
생 로랑

Location. Gateway Arcade G214–5 **Tel.** 852–2377–2608 **Open.** 10:00–22:00 **www**.ysl.com

28
NIKE KICKS LOUNGE
나이키 킥스 라운지

Location. Gateway Arcade 3237–3238 **Tel.** 852–3580–2783 **Open.** 10:00–22:00 **www**.nike.com/hk

29
Giga Sports
기가 스포츠

Location. Ocean Terminal 244–7 **Tel.** 852–2115–9930 **Open.** 10:30–22:00, 주말 · 공휴일 10:00–22:00 **www**.gigasports.com.hk

30
AL MOLO 알 모로

오션 센터 입구에 위치한 이탤리언 레스토랑. 창밖으로 빅토리아 하버의 경치를 즐기며 와인과 이탈리안 메뉴를 맛볼 수 있다. 세트 메뉴도 준비되어 있는데 가격은 200HK$ 전후로 주말에는 뷔페 스타일의 애피타이저와 메인 메뉴, 디저트를 세트 메뉴로 제공한다. 주말 브런치 세트는 348HK$.

Type. Italian cuisine **Location.** Ocean Terminal G63 **Tel.** 852−2730−7900
Open. 12:00−22:30 **www**.diningconcepts.com/Al_molo

31
GREYHOUND Café

그레이하운드 카페

방콕에서 건너온 캐주얼 다이닝. 타이 요리부터 샌드위치, 파스타 등 다국적 메뉴를 갖춘 젊은 분위기의 스타일리시한 곳이다.

Type. Thai Cuisine, Western food **Location.** Ocean Terminal G01 **Tel.** 852–2383–6600 **Open.** 11:00–23:00 **www**.greyhoundcafe.com.hk

32
PIZZA EXPRESS
피자 익스프레스

빅토리아 하버를 보며 식사할 수 있는 피자 전문점. 오션 센터 키즈 매장 사이에 있어, 어린이와 함께 가기 편한 곳으로 키즈 메뉴가 준비되어 있고, 색연필과 컬러링 북도 제공한다.

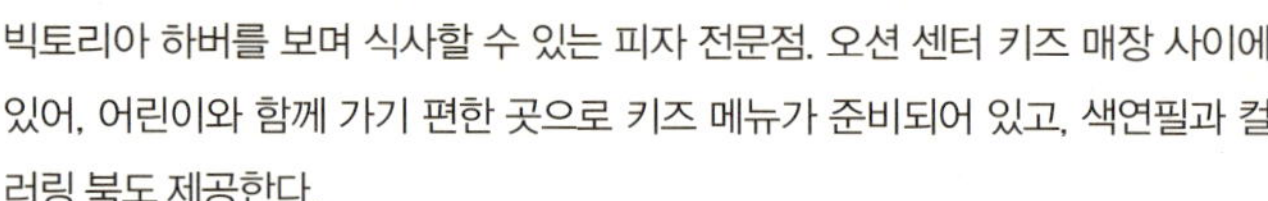

Type. Italian cuisine **Location.** Ocean Terminal G53 **Tel.** 852–2376–1182
Open. 11:30–22:30 www.pizzaexpress.com.hk

33
Nah Trang
나트랑

홍콩에서 가장 인기 있는 베트남 요리 전문점. 쌀과 피시 소스 등의 핵심 요리 재료를 베트남에서 직접 공수해서 현지의 맛을 살리고 있다. 베트남 분위기를 느낄 수 있는 깨끗한 매장 분위기도 인기 비결 중 하나이다. 식사 때가 되면 매장 앞은 늘 긴 대기 고객으로 북적인다.

Type. Vietnamese Cuisine **Location.** Ocean Terminal G51 **Tel.** 852–2199–7779
Open. 12:00–23:00 **www**.nhatrang.com.hk

34

BLT BURGER BLT 버거

하버 시티의 인기 버거 전문점. 아메리칸 정통 버거와 통통한 감자튀김,
슬러시를 먹고 싶다면 이곳으로 가 보자.

Type. American Cuisine **Location.** Ocean Terminal 301 · 301A **Tel.** 852-2730-2338 **Open.** 11:00-23:00 **www.**diningconcepts.com/ BLTBurgerTST

35

LADY M NEW YORK
레이디 엠 뉴욕

뉴욕 인기 케이크 전문점 레이디 엠의 카페. 20겹 이상 겹겹이 쌓은 크레이프 사이사이에 크림을 얇게 넣은 밀 크레이프Mille Crepes가 대표 메뉴로, 카페 앞은 늘 케이크를 사기 위한 사람들로 긴 줄이 늘어선다.

Type. Cafe **Location.** Ocean Terminal 215K **Tel.** 852–2873–2356 **Open.** 10:00–21:00, 금 · 토요일 10:00–23:00

36
LA STATION
라 스타시옹

Type. Cafe **Location.** Ocean Terminal GF(레인 크로포드 슈즈 매장 옆) **Tel.** 852-2118-4530
Open. 10:00–21:00

레인 크로포드 구두 매장 옆에 자리한 총 26석의 작은 카페. 세 명의 프렌치 사업가가 운영하는 완차이의 유명 에스프레소 전문점 라 스타시옹LA STATION의 홍콩의 두 번째 매장이다. 유럽 기차역을 재현한 카운터가 라 스타시옹의 특징. 대표 인기 메뉴는 라테 위에 말린 장미 꽃잎을 뿌려 주는 로즈 라테와 크루아상이다. 레인 크로포드 매장 한 켠에서 커피와 케이크를 즐기며 쇼핑에 지친 발을 쉬어가기에 좋다.

37

Vivienne Westwood CAFÉ

비비안 웨스트우드 카페

오션 터미널 3층, 비비안 웨스트 매장 바로 옆에 오픈한 비비안 웨스트우드 카페.
브랜드 이미지를 살린 화려한 인테리어 매장으로 케이크와 커피, 차를 제공한다.

Type. Cafe **Location.** Ocean Terminal 305A **Tel.** 852–3188–2646 **Open.** 11:00–
22:00

Elements

Best Shops

Proenza Schouler 프로엔자 슐러

Berluti 벨루티

MIU MIU 미우미우

metro BOOKS 메트로 북스

marimekko 마리메꼬

MANOLO BLAHNIK 마놀로 블라닉

GIVENCHY 지방시

GUCCI 구찌

VALENTINO 발렌티노

HERMÈS 에르메스

CHANEL 샤넬

CÉLINE 셀린느

FENDI 펜디

H&M 에이치앤엠

ZARA 자라

Cartier 까르띠에

CHAUMET 쇼메

Tiffany&Co. 티파니

IWC 아이더블유씨

Three Sixty 쓰리 식스티

Restaurants + Cafe

Three Sixty 쓰리 식스티

mango tree 망고 트리

LEI GARDEN 레이 가든

Tim's Kitchen 팀스 키친

dab-pa 답-파

카오룽 침사추이 서쪽에 위치한 대규모 복합 쇼핑몰

홍콩에서 가장 최근에 생긴 대형 복합 몰로, 중국 오행 사상의 목木, 화火, 토土, 금金, 수水의 테마로 나뉘어 있다. 몰 내부가 넓어 원하는 매장을 찾기가 쉽지 않지만 구역이 나뉘어 있어 각 구역에 배치된 안내도를 보면 위치를 파악하기 편리하다. 다른 복합 쇼핑몰보다 관광객이 적고 각 매장의 규모가 크며, 가장 최근에 오픈한 복합 쇼핑몰답게 매장 내부가 깨끗하고 직원들의 서비스가 빠르고 친절하다.

샤넬CHANEL, 에르메스HERMÈS, 루이비통LOUIS VUITTON 같은 럭셔리 패션 브랜드와 시계, 주얼리 브랜드가 큰 규모의 단독 매장으로 입점했고, 자라ZARA, H&M 같은 스파 브랜드도 매장 규모가 크고 물건이 많다. 엘리먼츠 몰 위에는 센트럴의 IFC 건물을 제치고 홍콩에서 가장 높은 건물이 된 ICC 빌딩이 있고, 리츠 칼튼 호텔, W 호텔과도 연결되어 있다.

엘리먼츠 몰은 쇼핑, 식사, 영화, 아이스 링크 등 모든 것이 실내에서 가능하다. 엘리먼츠 몰 아래는 MTR 통총Tung Chung 라인과 공항 전철인 에어포트 익스프레스AEL를 이용할 수 있는 카오룽Kowloon 역이 연결되어 타 지역으로 이동이 편리하다. 또한, 대부분 매장이 밤 9시 혹은 10시까지 영업해서 저녁 시간을 쇼핑에 활용하기 좋아 시간이 빠듯한 여행자에게는 반가운 곳이다.

Address. 1 Austin Road West, Tsim Sha Tsui, Kowloon(圓方, 九龍尖沙咀柯士甸道西一號) **Location.** MTR Kowloon 역, C 출구 **Tel.** 852-2735-5234 **www**.elementshk.com

01
Proenza Schouler

프로엔자 슐러

미국의 영 디자이너 브랜드 프로엔자 슐러의 홍콩 내 유일한 단독 매장이 엘리먼
츠에 문을 열었다. 프로엔자 슐러의 대표적인 백 'PS1'의 다양한 디자인을 비롯
의류, 슈즈 등을 볼 수 있는 매장이다.

Location. Metal Zone 1F, 1061 **Tel.** 852–2950–9928 **Open.** 10:00–21:00
www.proenzaschouler.com

02
Berluti 벨루티

120년 전통의 이탈리아 부츠 브랜드. 루이비통 그룹에 포함되어 더욱 고급 브랜드로 거듭나 전 세계에 매장을 늘려 가고 있다. 장인의 전통적인 제작 방식으로, 최상의 가죽을 재료로 만든 제품들은 남성 가죽 제품 중 최고의 럭셔리 아이템으로 손꼽힌다.

Location. Fire Zone 2F, 2123–26 **Tel.** 852–2618–8007 **Open.** 10:00–22:00 **www.**
berluti.com

03
miu miu 미우미우

Location. Metal Zone 2F, 2034–35 Tel. 852–2196–8621 Open. 10:00–21:00 www.
miumiu.com

이탈리아 패션 브랜드 프라다의 세컨드 라인. 미우미우만의 귀엽고 화려한 스타일의 의류, 구두, 가방 등 패션 · 액세서리 전 컬렉션의 아이템을 다양하게 갖추고 있어 미우미우의 팬이라면 꼭 가 볼만하다. 넓은 매장 규모에 비해 쇼핑객이 많지 않아 조용하고 쾌적한 쇼핑이 가능하다.

04
metro **BOOKS**
메트로 북스

Location. Fire Zone 2F, 2001B **Tel.** 852–2196–8770 **Open.** 10:00–22:00 **www.**
metrobooks.com.hk

70년 전통의 필리핀계 서점으로 아시아 지역에 120개가 넘는 매장을 보유했다.
영어, 중국어 서적과 잡지, 문구, 선물용품 등 상품이 폭이 다양하다. 그중에도 아
동용 영어 서적과 교육용 장난감, 캐릭터 상품이 볼만하다.

05
marimekko
마리메꼬

원색의 크고 화려한 무늬의 패브릭, 식기, 의류, 문구 등을 생산하는 핀란드 브랜드. 밝고 경쾌한 무늬의 홈 데코 제품을 판매 중이다. 마리메코의 꽃무늬를 프린트한 머그컵과 그릇, 주방용품은 선물용으로도 좋다.

Location. Earth Zone 1F, 1011–12 **Tel.** 852–2701–9288 **Open.** 10:00–21:00 **www.** marimekko.com

06
MANOLO BLAHNIK
마놀로 블라닉

Location. Metal Zone 1F, 1017 **Tel.** 852–2432–9118
Open. 10:00–21:00 **www.**Manoloblahnik.com

07
GIVENCHY
지방시

Location. Metal Zone 1F, 1020A **Tel.** 852–2866–
0377 **Open.** 10:00–21:00 **www.**givenchy.com

08
GUCCI
구찌

Location. Metal Zone 2F, 2064 **Tel.** 852–2196–
8088 **Open.** 11:00–21:00 **www.**gucci.com

09
VALENTINO
발렌티노

Location. Metal Zone 2F, 2025–27 **Tel.** 852–2196–
8662, 852–2618–6933 **Open.** 10:00–21:00 **www.**
valentino.com

10

HERMÈS
에르메스

Location. Metal Zone 1F, 1032 **Tel.** 852–2196–8028 **Open.** 10:00–21:00 **www**.hermes.com

11

CHANEL
샤넬

Location. Metal Zone 2F, 2089–91 **Tel.** 852–2755–8180 **Open.** 10:00–21:00 **www**.chanel.com

12

CÉLINE
셀린느

Location. Earth Zone 2F, 2013–13A **Tel.** 85–2501–4668 **Open.** 일–목요일 · 공휴일 11:00–20:30. 금 · 토요일 11:00–21:00 **www**.celine.com

13

FENDI
펜디

Location. Metal Zone 2F, 2016–17 **Tel.** 852–2196–8259 **Open.** 10:00–21:00 **www**.fendi.com

14

H&M
에이치 앤 엠

Location. Water Zone 1–2F, 1050 · 2072–76 **Tel.** 852–2196–8391 **Open.** 10:30–22:00, 주말 · 공휴일 10:00–22:00 **www**.hm.com

15
ZARA
자라

Location. Water Zone 1F, 1051–54 · 1056–57　**Tel.** 852–2196–8970　**Open.** 10:00–22:00　**www**.zara.com

16
Cartier
까르띠에

Location. Metal Zone 2F, 2057–59　**Tel.** 852–8105–5008　**Open.** 10:00–21:00　**www**.cartier.com

17
CHAUMET
쇼메

Location. Metal Zone 2F, 2022–23　**Tel.** 852–2196–8668　**Open.** 10:00–21:00　**www**.chaumet.com

18
Tiffany&Co.
티파니

Location. Metal Zone 1F, 1038–39　**Tel.** 852–2196–8500　**Open.** 10:00–21:00　**www**.tiffany.com

19
IWC
아이더블유씨

Location. Fire Zone 2F, 2008B　**Tel.** 852–2196–8639　**Open.** 11:00–21:00　**www**.iwc.com

20
Three Sixty
쓰리 식스티

최대 오가닉 식품을 판매하는 대형 슈퍼마켓으로 홍콩에는 엘리먼츠 매장이 유일하다. 넓고 고급스러운 매장 안에 신선한 식재료와 향신료, 차와 스낵 등이 가득하다. 한국에서 구하기 힘든 향신료나 수입 식재료, 차 등은 선물용으로도 좋다. 계산대 근처에는 다양한 종류의 비타민과 오가닉 화장품을 파는 웰니스 코너도 있어 한국보다 저렴한 가격으로 품질 좋은 수입 오가닉 건강식품을 구입할 수 있다.

Location. Wood Zone 1F, 1090 **Tel.** 852-2196-8066 **Open.** 8:00-23:00 **www.** threesixtyhk.com

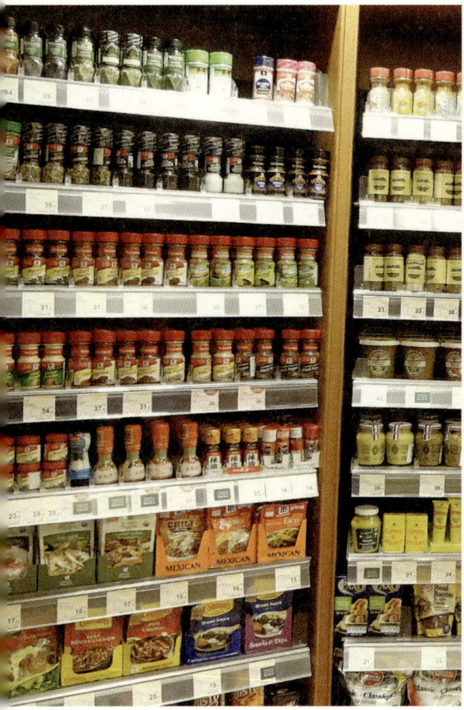
CHILI
MEXICAN
MEXICAN

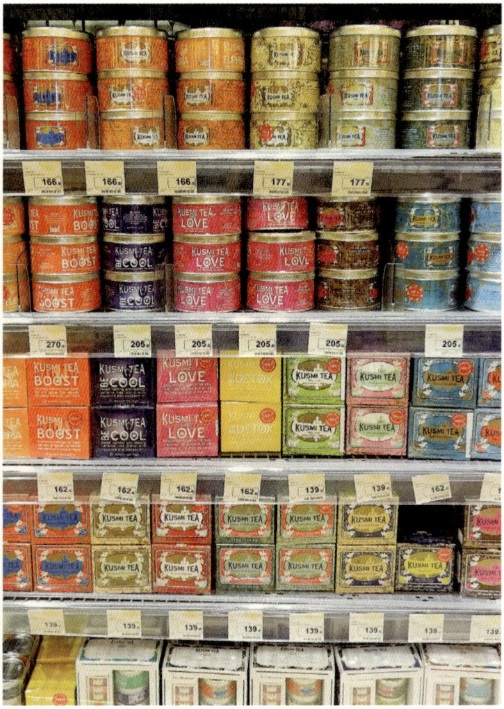
KUSMI TEA
BOOST
BE COOL
LOVE

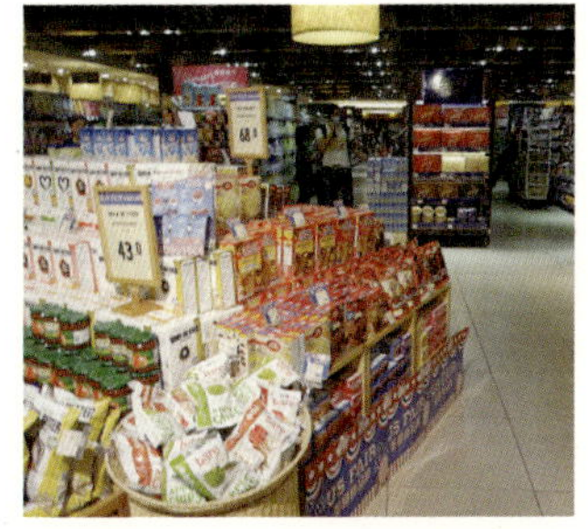

21
mango tree
망고 트리

신선한 재료와 오가닉 허브를 사용한 타이 요리 전문점으로, 미우미우MIU MIU 매장 옆에 있다. 타이 분위기를 살린 세련된 인테리어에서 맛보는 새콤, 달콤, 매콤한 요리들이 입맛을 사로잡는다. 레스토랑이 몰려 있는 구역에서 떨어진, 명품 브랜드가 있는 메탈 존Metal Zone 2층에 위치해 눈에 잘 띄지 않지만, 맛도 있고 멋도 있어서 추천하는 레스토랑이다.

Type. Thai Cuisine **Location.** Metal Zone 2F, 2032–33 **Tel.** 852–2668–4884 **Open.** 11:30–23:30 **www.**mangotree.com.ph

22
LEI GARDEN
레이 가든

Type. Chinese Cuisine **Location.** Water Zone 2F, 2068–70 **Tel.** 852–2196–8133
Open. 런치 11:30–15:00(일요일 11:00–15:00), 디너 18:00–23:30 **www.**leigarden.hk/en

홍콩 내 다수의 체인을 보유한 미슐랭 원 스타에 랭크된 인기 광둥 레스토랑. 겉은 바삭하고 안은 촉촉한 크리스피 로스티드 포크Crispy Rosted Pork, 레이 가든의 독특한 소스를 발라 구운 바비큐드 허니 포크Barvecued Honey Pork, 얇은 밀전병에 싸 먹는 바비큐드 패킹 덕Barvecued Peking Duck이 인기 메뉴다. 점심시간에는 하가우, 샤오룽바오, 슈마이 등 딤섬 메뉴도 제공한다.

23
Tim's Kitchen 팀스 키친

2000년에 셩완에 오픈해 미슐랭 스타를 받은 셰프, 팀 레이Tim Lai의 광동 요리 레스토랑 팀스 키친의 첫 분점. 추천 메뉴로는 허니 글레이즈드 바비큐 포크Honey glazed barbeque pork, 로스티드 크리스피 베이비 포크 벨리Rosted crispy baby pork belly, 크리스피 킹 프라운Crispy king prawn, 스팀드 홀 프레이 크랩 클라 위드 윈터 멜론Steamed whole fresh clab claw with winter melon이 있다.

Type. Chinese Cuisine **Location.** Water Zone 1F 1028B **Tel.** 852–2178–2998 **Open.** 런치 11:00–15:00(토 · 일요일 10:00–15:00), 디너 17:30–23:00 **www.**timskitchen.com.hk

24
dab-pa 답-파

엘리먼츠의 인기 맛집으로 중국 북경과 사천 지방 요리 전문점으로 맛이 진하고
매콤한 중국 음식을 맛볼 수 있는 레스토랑이다. 마파두부, 줄기 콩 볶음, 샤오롱
바오, 탄탄면, 칠리 오일에 담근 생선 튀김 등 각종 딤섬과 채소 볶음, 고기와 생
선 요리, 면, 밥 메뉴를 제공한다.

Type. Chinese Cuisine **Location.** Water Zone 1047 **Tel.** 852–2196–8699 **Open.** 런
치 11:30–15:30, 디너 17:30–23:00

Outlet
Horizon Plaza · Citygate Outlets ·
PRADA · Twist · ISA

Horizon Plaza

Best Shops

MaxMara 막스마라
I.T 아이티
Chloé 끌로에
MARNI 마르니
Lane Crawford 레인 크로포드
JOYCE 조이스
bluebell 블루벨
bumps to babes 범프스 투 베이비
catalogue 카탈로그
j.jOURNEY j. 저니

indigo 인디고
Toys Club 토이즈 클럽
Bowerbird HOME 보워버드 홈
ORGANIC MODERNISM 오가닉 모더니즘
SONDER living 손더 리빙
ARMANI 아르마니
BROOKS BROTHERS 브룩스 브러더스
SAINT LAURENT 생 로랑
Salvatore Ferragamo 살바토레 페라가모

홍콩 최대 규모의 창고형 아웃렛

명품 브랜드 제품을 할인받아 구매하고 싶다면 호라이즌 플라자에 가자. 홍콩 최대 규모의 창고형 아웃렛으로 시내에서 30분 정도 떨어진 홍콩섬 아래 압레이 차우Ap Lei Chau 지역에 있다. 이곳에서는 마르니MARNI, 생 로랑SAINT LAURENT, 끌로에Chloé, 발렌티노VALENTINO 등 명품 브랜드의 이월 상품을 50%~90% 할인 판매한다.

28층 규모의 창고형 아웃렛으로 매장마다 명품 브랜드 아웃렛과 가구, 인테리어 매장이 한 층당 하나에서 다섯 개씩 들어가 있다. 층이 높고 매장 수도 많아 모든 층을 다 둘러보기 힘드니 로비 층에 있는 매장 안내도를 보고 원하는 매장만을 골라 방문하자.

호라이즌 플라자가 있는 압레이 차우는 시내에서 떨어진 곳이라 버스가 제한적이고 걷기 좋은 길이 아니므로 택시를 이용하는 것이 안전하다. 저녁 6시 30분에서 7시에 문을 닫지만, 그 시각에 이 지역으로 들어오는 택시는 거의 없으니 최소한 폐점 1시간 전에는 건물 밖으로 나와야 택시를 타고 시내로 돌아올 수 있다.

Address. Horizon Plaza, 2 Lee Wing Street, Ap Lei Chau(鴨脷洲利榮街 2號新海怡廣場) **Tel.** 852-2554-9089 **Open.** 매장별 상이 **www.** horizonplazahk.com

MaxMara 막스마라

막스마라의 캐시미어와 울 코트, 니트, 드레스 등이 넓은 매장 안에 가득하다. 질
좋은 코트와 특별한 날 입을 수 있는 드레스 등을 40%~70% 할인된 가격에 구매
할 수 있다. 홍콩은 겨울에도 기온이 많이 내려가지 않아 코트의 재고가 많으므로
잘 찾아보면 한국의 1/3 가격으로 기본 코트를 구매할 수 있다.

Location. 27F, 7-11 **Tel.** 852-2722 9608 **Open.** 10:00-19:00 **www.**fairton.com

I.T 아이티

홍콩의 대형 패션 그룹 I.T가 수입하는 브랜드의 이월 상품을 판매하는 아웃렛 매장. 드넓은 매장 안에 여러 브랜드 제품이 빼곡히 걸려 있다. 다른 편집숍보다 젊은 층을 겨냥한 브랜드와 제품이 많다. 유럽 브랜드와 일본 브랜드가 반반씩 있고, 독특한 디자인의 캐주얼 웨어가 많다.

준야 와타나베JUNYA WATANABE, 꼼 데 가르송COMME des GARCONS, 츠모리 치사토TSUMORI CHISATO, 베이프 BAPE 등의 일본 브랜드와 톰 브라운THOM BROWNE, 아크네 스튜디오Acne Studios, 엠에스지엠MSGM, 프레드 페리FRED PERRY 등의 남성 브랜드, 발렌티노VALENTINO, 이자벨 마랑ISABEL MARANT, 메종 마르지엘라Maison Margiela, 헬무트 랭HELMUT LANG, 시몬 로샤Simone Rocha 등의 디자이너 브랜드를 만날 수 있다.

그러나 일반 매장에서 여러 번의 세일을 거쳐 마지막으로 모인 제품이라 상태가 좋지 않은 경우가 많으니, 구매 전에 꼼꼼히 살펴봐야 한다. 아웃렛의 특성상 교환, 환불이 되지 않는다.

Location. 5F, 2-4 **Tel.** 852-2553-8356 **Open.** 10:00-19:00 **www.ithk.com**

Chloé 끌로에

호라이즌 플라자에 가장 최근에 생긴 아웃렛 매장. 백화점 매장과 다름없는 깨끗한 매장 안에 상태 좋은 이월 상품들이 보기 좋게 진열되어 있다. 의류와 슈즈, 가방, 액세서리를 취급하는데 그중, 의류 코너가 가장 볼만하다. 차분한 색감의 실크 블라우스, 팬츠, 코트 등 종류가 다양하다. 할인율은 1년 전 시즌 제품은 정상가의 50%, 그보다 오래전 제품들은 60%~70% 할인 판매한다. 끌로에 의류는 유행을 타지 않는 디자인이 많으므로 좋은 가격에 오래 입을 수 있는 제품들을 구매하기 좋다. 꼭 방문해 보기를 추천한다.

Location. 4F, 5 **Open.** 10:00–19:00 **www.chloe.com**

MARNI 마르니

이탈리아 패션 브랜드 마르니의 지난 시즌 상품이 알차게 채워져 있다. 여성 의류, 슈즈, 가방, 액세서리와 남성 의류를 볼 수 있는데, 할인율도 50%~80%로 높고 물건 상태도 매우 좋다. 마르니 특유의 화려한 패턴과 구조적인 디자인의 의류, 벨트와 슈즈 등을 파격적인 가격에 득템할 수 있는 곳이다. 구매 아이템이 많을수록 할인율도 높아진다. 벨트는 10만 원 안팎, 슈즈, 블라우스는 20~40만 원대이다.

Location. 27F, 13 **Tel.** 852-2553-5263 **Open.** 10:00-19:00 **www.marni.com**

Lane Crawford
레인 크로포드

Location. 25F, 1–20 **Tel.** 852–2118–3403 **Open.** 10:00–19:00 **lanecrawford**.com

홍콩 최대 규모의 명품 편집숍 레인 크로포드의 아웃렛. 호라이즌 플라자에서 가장 들러볼 가치가 있는 매장이다. 이곳만 둘러봐도 호라이즌 플라자까지 간 보람을 느낄 수 있을 정도로 볼 것, 살 것이 많다. 백화점에 입점한 레인 크로포드 매장의 지난 시즌 제품들을 파격적인 할인가에 판매하는데, 레인 크로포드가 수입하는 브랜드의 수가 많은 만큼 아웃렛에서 만날 수 있는 브랜드의 수도 엄청나다. 발렌티노VALENTINO, 샤넬CHANEL, 랑방LANVIN, 끌로에Chloé, 알라이아ALAIA, 지방시GIVENCHY 등의 럭셔리 브랜드부터 까르벵CARVEN, 필립 림Phillip Lim, 이큅먼트EQUIPMENT, 마커스 루퍼MARKUS LUPFER, 사카이sacai, 토가TOGA, 제이 크루J.Crew 등의 캐주얼 브랜드, 세인트 존ST.JOHN과 아르마니ARMANI의 다양한 니트 원피스와 재킷, 커런트 엘리엇CURRENT/ELLIOT과 제이 브랜드J BRAND, 프레임FRAME 등의 청바지를 비롯한 의류를 50%~90% 할인 판매한다.

남성 캐주얼 웨어와 슈트, 셔츠 등의 셀렉션도 볼만하다. 아르마니ARMANI, 보스

BOSS, 랑방, 지방시의 셔츠를 반값에 살 수 있고 생 로랑SAINT LAURENT, 디스퀘어드2DSQUARED2 청바지도 대폭 할인된 가격의 택이 붙은 채 걸려 있다.

의류뿐만 아니라 슈즈와 가방, 액세서리 종류도 방대하고 인테리어 소품까지 갖추고 있어 창고 속 보물을 찾는 재미가 있다. 피에르 아르디PIERRE HARDY, 지방시, 끌로에, 마르니MARNI, 스텔라 매카트니STELLA McCARTNEY, 돌체 앤 가바나 DOLCE&GABBANA, 생 로랑의 지난 시즌 가방들도 잘 찾아 보면 가방 코너 안 쪽에 숨어 있다.

따로 마련된 구두 코너에는 지미 추JIMMY CHOO, 주세페 자노티GIUSEPPE ZANOTTI, 알라이아, 처치스Church's, 어그UGG, 지방시, 토가, 끌로에, 스튜어트 와이츠먼STUART WEITZMAN 등의 명품 구두가 즐비하다. 시기에 따라 정가에서 80%~90% 할인 판매하는 코너가 있고, 3개 이상의 물건을 구매하면 추가로 20% 할인받을 수 있는 프로모션을 진행할 때도 있어, 다른 어느 곳에서보다 득템의 기쁨이 클 곳이다.

계산대 옆에는 외국 디자이너 가구와 소품도 할인된 가격에 진열되어 있다. 이탈리아 수입 침구 브랜드 프레테FRETTE, 에트로ETRO의 침구 세트를 50% 할인 판매한다. 가끔 루이 폴센louis poulsen, 톰 딕슨Tom Dixon의 조명과 소품, 향초 등이 들어올 때도 있다.

JOYCE 조이스

명품 브랜드 편집숍 조이스의 아웃렛 매장. 레인 크로포드보다 매장 규모는 작지만 취급하는 브랜드 종류가 다르고, 이월 상품임에도 제품 상태가 좋으므로 꼭 방문해 봐야 할 곳이다. 레인 크로포드보다 더 개성 있는 브랜드와 디자인의 의류와 액세서리가 많다. 남성 패션도 여성 패션과 같은 비중을 차지하는 몇 안 되는 편집숍으로 톰 브라운THOM BROWNE, 지방시GIVENCHY, 생 로랑SAINT LAURANT, 릭 오웬스Rick Owens, 보스BOSS 등의 의류와 처치스Church's, 주세페 자노티GIUSEPPE ZANOTTI의 구두 등을 사이즈만 맞는다면 파격적인 할인가에 구매할 수 있다. 전체적인 할인율은 정상 가격의 40%~70% 정도이며 한쪽 코너에 80%와 90% 할인 코너가 있으니 이곳을 먼저 살펴보자. 발망BALMAIN, 알라이아ALAIA, 스텔라 매카트니STELLA McCARTNEY, 랑방LANVIN, 필립 림Phillip Lim, 발렌시아가BALENCIAGA, 알렉산더 왕ALEXANDER WANG, 생 로랑, 셀린느CÉLINE, 사카이sacai, 토가 TOGA 등의 브랜드가 주를 이룬다.

Location. 21F, 2–8 **Tel.** 852–2814–8313 **Open.** 10:00–19:00 www.joyce.com

80% OFF
ORIGINAL RETAIL PRICE
JOYCE WAREHOUSE

bluebell 블루벨

까르벵CARVEN, 모스키노MOSCHINO, 블루마린Blumarine 등의 브랜드를 수입하는 의류 그룹 블루벨의 아웃렛 매장이다. 카르벵의 이월 상품을 특가에 구매할 수 있다. 남성과 여성 의류를 함께 쇼핑할 수 있다.

Location. 19F, 3–5 **Tel.** 852–2580–1722 **Open.** 10:00–19:00 **www.**bluebellgroup.com

bumps to babes

범프스 투 베이비

어린이 장난감부터 출산용품, 카시트, 수입 어린이용 스킨케어 제품과 의류, 슈즈, 기저귀까지 없는 것이 없는 홍콩 제일의 아동용품 전문점이다. 8세 이하의 유아와 어린이를 위한 쇼핑이 필요하다면 이곳으로 가 보자.

Location. 21F, 9–16 **Tel.** 852–2552–5000 **Open.** 10:00–18:00 **www.** bumpstobabes.com

catalogue 카탈로그

아디다스adidas, 핏플랍fitflop, 뉴발란스new balance, 나이키NIKE, 푸마PUMA, 리복
Reebok, 탐스TOMS의 운동화, 운동복, 캐주얼 웨어를 할인 판매하는 매장이다. 할
인율은 30%~50% 정도이고 아동용 사이즈의 운동화도 있다.

Location. 19F, 2 **Tel.** 852-2986-8281 **Open.** 10:00-19:00 **www.**cataloghk.com

j.JOURNEY j.저니

어그UGG, 레페토repetto의 슈즈와 레베카 밍코프REBECCA MINKOFF, 캐스 키드슨 Cath Kidston의 가방, 액세서리 등을 30%~70% 할인 판매하며 구매 수량에 따라 추가 할인이 적용된다.

Location. 19F, 1 **Tel.** 852-552-0502 **Open.** 10:00-19:00

indigo 인디고

홍콩, 두바이, 중국에 매장을 둔 인테리어 전문 매장. 가구와 소품 등 인테리어에 관한 모든 것을 갖춘 곳으로 향초와 그릇, 사무용품, 조화 등 인테리어 소품을 찾는다면 꼭 들러 봐야 할 매장이다. 어린이 가구와 소품을 판매하는 인디고 키즈 매장도 있어 아이 방에 필요한 소품과 장난감 등을 쇼핑하기 좋다.

Location. 6F, 1–6 **Tel.** 852–2555–0540 **Open.** 10:00–19:00 **www**.indigo-living.com

Toys Club 토이즈 클럽

홍콩에서 토이저러스ToysRus 다음으로 큰 규모의 장난감 전문점. 넓은 매장 안의 높은 진열대가 세계 각국의 장난감으로 빼곡하다. 레고와 바비 인형부터 디즈니 관련 상품과 퍼즐, 보드게임, 캐릭터 관련 장난감과 영어 서적, 파티용품, 물놀이 용품 등 어린이가 좋아할 만한 상품들이 가득하다. 어린이를 동반한 쇼핑객이라면 꼭 들러 봐야 할 곳이다.

Location. 19F, 13–15 **Tel.** 852–2836–0875 **Open.** 10:00–18:30, 일요일 · 공휴일 11:00–18:30 **www.**itoysclub.com

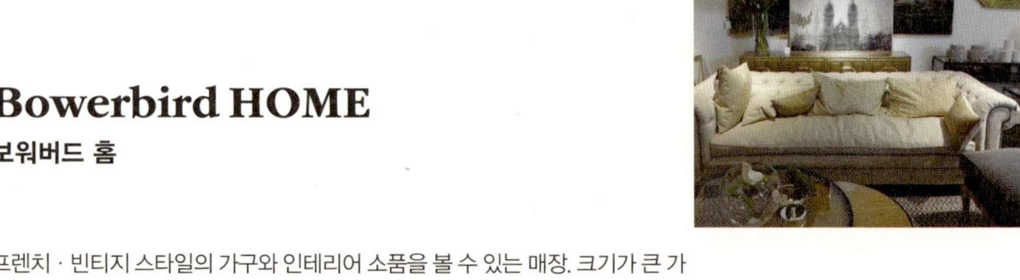

Bowerbird HOME

보워버드 홈

프렌치 · 빈티지 스타일의 가구와 인테리어 소품을 볼 수 있는 매장. 크기가 큰 가구들과 조명이 주를 이루지만, 독특한 패턴의 화병과 퀄리티 좋은 조화, 촛대, 트레이, 향초 등 여행용 가방에 들어갈 만한 사이즈의 인테리어 소품도 살 수 있으니 들러 보면 좋다.

Location. 8F, 1–2 **Tel.** 852–2552–2727 **Open.** 10:00–18:00 **www.**bowerbird-home.com

ORGANIC MODERNISM

오가닉 모더니즘

뉴욕 브루클린의 가구 인테리어 브랜드 오가닉 모더니즘의 홍콩 매장이다. 다른 곳에서 볼 수 없는 독특한 느낌의 가구와 조명, 인테리어 소품을 판매한다. 여행객이라 가구를 사기는 어렵지만 보는 것만으로도 눈이 즐거운 곳이다. 가구 외에 벨벳이나 양털 소재의 쿠션과 캔들 홀더 등 작은 소품도 판매하니 인테리어 소품에 관심 있다면 들러 보자.

Location. 8F, 3–4 **Tel.** 852–2556–9499 **Open.** 10:30–18:30, 목–일요일 · 공휴일 10:00–19:00 **www**.organicmodernism.com

SONDER living
손더 리빙

영국, 미국, 태국, 베트남 등에 매장을 둔 인테리어 전문 매장이 2016년 호라이즌 매장에 문을 열었다. 켈리 호픈Kelly Hoppen, 토마스 비나Thomas Bina, 보이드Boyd, 메종55Maison55, 티모시 울튼Timothy Oulton 등의 디자이너 가구 컬렉션을 취급한다. 호라이즌 플라자 2층 전체를 쓰는 넓은 매장 안에 방대한 양의 조명과 가구, 소품, 미술 작품을 판매한다. 액자, 촛대, 트레이, 쿠션 등 작은 사이즈의 인테리어 소품도 있어 한국에서 구할 수 없는 멋지고 독특한 아이템을 살 수 있다.

Location. 2F. 1–8 **Tel.** 852–2799–5878 **Open.** 10:00–19:00, 토 · 일요일 10:00–19:30
www.sonderliving.com

ARMANI
아르마니

Location. 22F, 3–10 **Tel**. 852–2552–9990 **Open**. 11:00–19:00 **www**.armani.com

BROOKS BROTHERS
브룩스 브러더스

Location. 17F, 2 **Tel**. 852–3422–8107 **Open**. 10:00–19:00 **www**.brooksbrothers.com

SAINT LAURENT
생 로랑

Location. 18F, 1–2, 20 **Tel**. 852–2884–0301 **Open**. 10:00–19:00 **www**.ysl.com

Salvatore Ferragamo
살바토레 페라가모

Location. 4F, 2 **Tel**. 852–2111–5633 **Open**. 10:00–19:00 **www**.ferragamo.com

Citygate Outlets

Best Shops

I.T 아이티	**BURBERRY** 버버리
CLUB 21 클럽 21	**adidas** 아디다스
MaxMara 막스마라	**NIKE** 나이키
PEDDER 페더	**new balance** 뉴발란스
ARMANI 아르마니	**SWAROVSKI** 스와로브스키
DIANE von FURSTENBERG 다이앤 본 퍼스텐버그	**POLO RALPH LAUREN** 폴로 랄프 로렌

국제 공항에 위치한 홍콩 최초의 아웃렛 몰

홍콩 국제 공항에서 10분 거리, MTR 통총 역에 위치한 홍콩 최초의 아웃렛 몰. 3층 규모의 넓고 쾌적한 실내에 유명 브랜드의 아웃렛 매장이 들어서 있다.

폴로 랄프 로렌POLO RALPH LAUREN, 코치COACH, 버버리BURBERRY , 발리BALLY, 아르마니ARMANI, 막스마라MaxMara의 아웃렛 매장을 중심으로 나이키NIKE, 아디다스adidas, 뉴발란스new balance, 푸마PUMA 등의 캐주얼, 스포츠 의류 할인 매장이 있다. 호라이즌 플라자보다 가격대가 낮은 캐주얼 브랜드가 많은 편이다. 스포츠용품을 여러 개 구매한다면 가 볼만하다.

시내에서 떨어져 있으니 돌아가는 날 시간 여유가 있다면 공항에 가기 전에 들러 보면 좋다. 폴로 랄프 로렌과 버버리 매장 규모가 크고 물건도 많아 이 브랜드 쇼핑을 하고자 하는 여행객에게 추천한다.

지하철 통총 역에서 몰 안으로 바로 연결된다. 센트럴 역에서 지하철로는 30분 거리이다.

Address. 20 Tat Tung Road, Tung Chung, Lantau 香港大嶼山東涌達東路 20號 **Location.** MTR Tung Chung 역 C 출구 **www**.citygateoutlets.com.hk **Tel.** 852-2109-2933 **Open.** 매장별 상이

I.T 아이티

일본·유럽계 브랜드를 다수 보유한 패션 그룹 I.T의 아웃렛 매장. 캐주얼 웨어를 중심으로 한 수입 브랜드 제품이 빼곡하게 걸려 있다. 개성 있는 디자인과 화려한 패턴의 티셔츠와 청바지 등이 많아 젊은 층에게 인기 많은 매장이다. 매장 안에는 I.T에서 수입하는 일본 브랜드 베이프BAPE의 아웃렛 코너도 함께 있다. 여러 번 세일을 거쳐 이곳 아웃렛으로 흘러 들어오는 상품이라 상태가 좋지 않은 것도 많으므로 잘 확인해 보고 구매해야 한다. 40%~70% 할인하며 구매 수량에 따라 할인율도 높아진다. 반스Vans, 컨버스CONVERSE, 뉴발란스new balance, 나이키NIKE의 스페셜 디자인 운동화도 할인 판매한다.

Location. GF, 01 **Tel.** 852–2109–2103 **Open.** 11:00–21:00 www.ithk.com

CLUB 21 클럽 21

싱가포르 패션 리테일 그룹 클럽 21의 아웃렛. 캘빈 클라인Calvin Klein을 대표로 래그 앤 본rag&bone, 프로엔자 슐러Proenza Schouler의 의류와 액세서리를 80% 할인 판매한다. 매장 안쪽에는 명품 아동복 라인 편집숍 키즈 21Kids 21 코너도 마련되어 있는데, 마르니MARNI, 랑방LANVIN, 캐러멜 베이비 앤 차일드Caramel baby&child, 폴스미스Paul Smith, 스텔라 매카트니 키즈STELLA McCARTNEY Kids, 리사 페리Lisa Perry의 디자이너 유아 · 아동복을 80% 할인 판매한다. 또한, 구매 수량에 따라 추가 할인받을 수 있어, 디자이너 의류를 매우 저렴하게 구매할 수 있다.

Location. L1, 101B **Tel.** 852-2109-2270 **Open.** 10:00–21:00 **www.** club21global.com

MaxMara 막스마라

호라이즌보다 규모는 작지만 홍콩의 막스마라 아웃렛 매장은 시티게이트와 호라
이즌 플라자, 두 곳뿐이니 둘 중 한 곳만 간다면 가 볼만하다. 코트와 블라우스 등
의 의류를 40%~60% 할인 판매한다.

Location. L2, 250 **Tel.** 852-2722-9609 **Open.** 11:00-21:00 **www.**maxmarafashiongroup.com

PEDDER 페더

수입 명품 구두와 가방, 액세서리 편집숍인 페더PEDDER의 시즌 오프 상품들을 파는 매장. 끌로에Chloé, 알라이아ALAIA, 지방시GIVENCHY, 아쿠아주라AQUAZURA, 주세페 자노티GIUSEPPE ZANOTTI, 스튜어트 와이츠먼STUART WEITZMAN, 생 로랑 SAINT LAURENT, 알렉산더 왕ALEXANDER WANG 등의 구두와 지방시, 올림피아 르 탱OLYMPIA LE-TAN, 지미 추JIMMY CHOO 등의 가방, 슈룩SHOUROUK, 필립 오디베르PHILIPPE AUDIBERT의 주얼리를 40%~70% 할인 판매한다.

Location. L2, 225A **Tel.** 852-2109-9163 **Open.** 10:00-22:00 **www.onpedder.com.hk**

ARMANI
아르마니

이탈리아 브랜드 아르마니의 슈트와 드레스, 넥타이 등의 제품을 할인 판매한다. 할인율은 정가에서 40%~70% 정도이고 2개 이상 구매 시 추가 10%, 3개 이상 구매 시 추가 20% 할인받을 수 있다.

Location. L2, 241 **Tel.** 853-2109-3774 **Open.** 10:00-21:00 **www**.armani.com/hk

DIANE von FURSTENBERG
다이앤 본 퍼스텐버그

가운 형태에 허리끈을 묶어 입는 랩 드레스로 유명한 다이앤 본 퍼스텐버그의 홍콩 유일의 아웃렛 매장. 신축성이 좋고 편안하면서 단정한 랩 드레스를 할인 판매한다. 정가에서 40%~60% 할인받으면 20~30만 원대에 구매할 수 있다. DVF의 스타일을 사랑하는 여행자라면 들러 볼만하다.

Location. L2, 205 **Tel.** 852-2109-4455 **Open.** 10:30-21:00 **world**.dvf.com

BURBERRY
버버리

남성, 여성, 아동 패션 아이템이 넓은 매장 안에 진열되어 있다. 할인율은 30%~60% 정도이고 인기 품목인 트렌치코트와 셔츠, 머플러를 비롯한 액세서리 종류가 많다. 유행을 타지 않고 평생 입을 수 있는 버버리 트렌치코트를 할인된 가격에 장만하기 좋은 곳이다.

Location. L2, 226A **Tel.** 852-2109-0566 **Open.** 11:00-21:00 **hk**.burberry.com

adidas
아디다스

Location. GF, 06 **Tel.** 852–2109–3010 **Open.** 11:00–21:00 **www**.adidas.com.hk

NIKE
나이키

Location. GF, 02 **Tel.** 852–2707–9159 **Open.** 11:00–21:00 **www**.nike.com.hk

new balance
뉴발란스

Location. GF, 11 **Tel.** 852–2109–1783 **Open.** 11:00–21:00 **www**.newbalance.com.hk

SWAROVSKI
스와로브스키

Location. L2, 252 **Tel.** 852–2109–1868 **Open.** 11:00–21:00 **www**.swarovski.com

POLO RALPH LAUREN
폴로 랄프 로렌

Location. L2, 227 **Tel.** 852–2109–1308 **Open.** 10:00–21:30 **www**.ralphlauren.asia

PRADA
Twist
ISA

Best Shops

PRADA 프라다
Twist 트위스트
ISA 이사

도심 속 아웃렛&프라다 아웃렛

규모는 작지만 도심에서 만날 수 있는 아웃렛, 트위스트와 이사. 흔히 볼 수 없는 프라다 아웃렛 매장도 가 볼만하다.

먼저, 이탈리아 대표 명품 브랜드 프라다의 이월 상품을 할인 판매하는 팩토리 아웃렛은 관광객이 찾아가기 어려운 도심에서 떨어진 압레이 차우Ap Lei Chau 지역 아파트 상가 안쪽에 숨어 있다. 재래시장과 나란히 있고 허름한 건물이지만 에스컬레이터를 타고 매장 안으로 들어가면 깨끗하고 넓은 공간에 프라다와 미우미우MIU MIU 상품이 가득 진열되어 있다. 주말에는 사람이 많아 매장 앞에 줄을 서야 하므로 평일에 방문하는 것을 추천한다.

트위스트는 시내 중심에 자리 잡은 소규모 아웃렛 매장으로 홍콩섬의 코즈웨이 베이와 카오룽의 침사추이에 매장이 있다. 규모는 작지만 여러 브랜드의 비교적 최신 슈즈와 가방을 30%~40% 할인 판매한다. 이사도 트위스트와 같이 도심에 위치한 소규모 아웃렛 매장으로 코즈웨이 베이와 침사추이 세 곳에 매장이 있다. 규모는 트위스트보다 크고 좀 더 전통적인 브랜드를 취급한다. 이월 상품보다는 신상품이 많은 편이다. 이월 상품을 취급하는 창고형 아웃렛이 아니라 호라이즌 플라자나 시티게이트 아웃렛의 상품과 달리 제품 상태가 좋아 선물을 사기에도 좋다. 살바토레 페라가모Salvatore Ferragamo, 구찌GUCCI, 보테가 베네타BOTTEGA VENETA, 버버리BURBERRY, 프라다 등 클래식한 브랜드를 좋아하는 여행객이라면 들러 볼만하다.

PRADA 프라다

취급 상품은 주로 1년 이상 지난 시즌의 의류와 구두, 가방과 액세서리 등으로 정가에서 50% 정도 할인된 가격에 추가로 30%~50%의 추가 할인을 받을 수 있어 가격이 매우 저렴하다. 운이 좋으면 10만 원 후반에서 20만 원대에 프라다와 미우미우miu miu의 신발이나 의류를 득템할 수도 있다.

그러나 아웃렛 특성상 방문 시점에 따라 재고와 가격, 제품 상태가 다르므로 큰 기대는 하지 않고 가는 것이 좋다. 남성 의류와 여성용 패브릭 가방은 언제 가도 상품 수가 대체로 많지만, 슈즈는 사이즈가 다양하지 않으므로 쇼핑 운을 기대해 봐야 한다. 지갑과 키 홀더 등 액세서리는 가격도 저렴하고 종류도 많아 선물용으로 좋다.

근처의 호라이즌 플라자와 함께 하루에 둘러보면 좋을 코스이다. 호라이즌 플라자까지 도보로 20분 정도 거리지만 가는 길이 안전하지 않으니 택시를 이용하는 것이 좋다(24HK$, 5분 소요). 센트럴에서 압레이 차우까지 택시로 30분~40분 정도 소요되고 택시 요금은 100HK$ 전후이다, 코즈웨이 베이에서 압레이 차우까지는 20분 정도의 거리에 요금은 80HK$ 전후이다(터널료 5HK$ 별도). 최근에는 지하철 MTR 사우스 호라이즌 라인South Horizon Line이 개통되어 애드미럴티Admiralty 역에서 프라다 아웃렛이 있는 사우스 호라이즌South Horizon 역까지 4 정거장, 12분 만에 갈 수 있다. A 출구로 나가면 바로 앞에 프라다 매장이 있다.

Address.PRADA Space Outlet, 2F Marina Square East Commercial Block, South Horizons, 33 Yi Nam Road, Ap Lei Chau **Location.** MTR South Horizon 역 A 출구, Marina Square East Market 옆 검은색 간판 **Tel.** 852-2814-9576 **Open.** 화-일요일 10:30-19:00 / 월요일 · 공휴일 12:00-19:00

PRADA
MILANO
DAL 1913

Twist 트위스트

호라이즌 플라자나 시티게이트 아웃렛이 이월 상품을 할인하는 것과 달리, 트위스트에서는 여전히 핫한 아이템을 할인한다. 브랜드마다 할인율이 다르지만 신상품은 보통 20%~30% 정도이다. 슈즈 종류가 특히 많아 살바토레 페라가모Salvatore Ferragamo, 프라다PRADA, 토즈TOD'S의 여성화와 남성화, 발렌티노VALENTINO, 셀린느CÉLINE, 미우미우miu miu, 로저 비비에Roger Vivier, 지미 추JIMMY CHOO, 마놀로 블라닉MANOLO BLAHNIK, 구찌GUCCI의 여성화가 신발 진열대에 가득하다.

디올Dior, 로저 비비에, 생 로랑SAINT LAURANT, 지방시GIVENCHY, 발렌시아가BALENCIAGA, 프로엔자 슐러Proenza Schouler의 가방을 볼 수 있고 가방의 할인율은 10%~30% 정도이다.

액세서리도 소량 입점해 운이 좋다면 비타페드VITAFED 나 필립 오디베르PHILIPPE AUDIBERT의 팔찌를 한국에서의 반값에 구매할 수 있다. 버버리BURBERRY, 토리버치TORYBURCH, 생 로랑, 구찌의 의류와 몽클레어MONCLER 다운 재킷도 정가에서 20%~30% 할인 판매한다. 한쪽 코너에는 에르메스HERMÈS의 버킨 백과 지갑, 스카프 등을 소량 판매하는데 에르메스는 할인가가 아닌 정가에 프리미엄이 붙은 더 비싼 가격에 판매한다.

트위스트 전국 지점

코즈웨이 베이 월드 트레이드 센터 지점

Address. World Trade Center, 280 Gloucester Rd., Causeway Bay **Tel.** 852–2970–2231 **Open.** 12:00–22:00

완차이 리텅 애비뉴 지점

Address. Lee Tung Avenue, 200 Queen's Rd. East, Wanchai **Tel.** 852–2528–0030 **Open.** 12:00–22:00

침사추이 선 아케이드 지점

Address. The Sun Arcade, 28 Canton Rd., Tsim Sha Tsui, Kowloon **Tel.** 852–2377–2880 **Open.** 12:00–22:00

침사추이 미라몰 지점

Address. Miramall, 118–130 Nathan Rd., Tsim Sha Tsui, Kowloon **Tel.** 852–2577–9323 **Open.** 10:00–23:00

ISA 이사

주요 브랜드는 보테가 베네타BOTTEGA VENETA, 버버리BURBERRY, 살바토레 페라가모Salvatore Ferragamo, 구찌 GUCCI, 프라다PRADA, 펜디FENDI, 토즈TOD'S 등의 대표적인 전통 명품 브랜드로 의류보다는 슈즈 종류가 많다. 종류는 적지만 생 로랑SAINT LAURENT, 스텔라 매카트니STELLA McCARTNEY의 가방과 슈즈, 의류도 있다. 의류 는 여성용보다는 남성용이 많아 남성 여행객이 들러 보면 좋을 매장이다. 버버리BURBERRY, 제냐ZEGNA, 아르 마니ARMANI, 구찌GUCCI 등의 브랜드와 사이사이 생 로랑 같은 핫한 브랜드도 섞여 있어 잘 찾아보면 현재 매 장에서 판매 중인 신제품도 발견할 수 있다.

여성 의류는 버버리와 막스마라MaxMara의 코트를 20% 할인 판매한다. 의류 외에도 머플러, 선글라스, 벨 트, 지갑 등 종류도 다양하다. 할인율은 브랜드와 상품 입고 시기에 따라 다른데 보통 최신 상품은 정가에서 15%~20% 할인하고, 이월 상품이나 재고가 많은 제품은 30~40% 할인한다. 코즈웨이 베이 지점보다 침사추 이 지점이 넓고 종류가 많다.

이사 전국 지점

코즈웨이 베이 **Sino Plaza** 지점

Address. GF&1F, Sino Plaza, 256–258 Gloucester Rd., Causeway Bay **Location.** MTR Causeway Bay 역 C 출구 도보 5분. **Tel.** 852–2366–5828 **Open.** 10:00–23:00 **www.isaboutique.com**

침사추이 **Hankow Center** 지점

Address. Hankow Centre, 5–15 Hankow Rd., Tsim Sha Tsui, Kowloon **Location.** MTR East Tsim Sha Tsui 역 L5 출구 **Tel.** 852–2366–5816 **Open.** 10:00–22:30

이스트 침사추이 **Nathan Road** 지점

Address. Shop B, GF, 29 Nathan Rd., Alpha House, Tsim Sha Tsui, Kowloon **Location.** MTR East Tsim Sha Tsui 역 E 출구 **Tel.** 852–2366–5890 **Open.** 10:00–23:00

침사추이 **Silvercord** 지점

Address. Shop No. LG73 on the Lower Ground Floor of Silvercord, 30 Canton Rd., Tsim Sha Tsui, Kowloon **Location.** MTR Tsim Sha Tsui 역 A1 출구 도보 5분. **Tel.** 852–2366–6308 **Open.** 10:00–22:30

침사추이 **Canton** 로드 지점

Address. 1F Imperial Building, 58 Canton Rd., Tsim Sha Tsui, Kowloon **Location.** MTR Tsim Sha Tsui 역 A1 출구 도보 5분 **Tel.** 852–2366–5880 **Open.** 10:00–23:00

LOUIS VUITTON
LOUIS VUITTON
LOUIS VUITTON
LOUIS VUITTON
TAXI
5 SEATS
KJ 981

Information
Hong Kong

홍콩 기본 정보

정식 명칭	중화 인민공화국 홍콩 특별 행정국 The Government of the Hong Kong Special Administrative Region of the People's Republic of China(中華人民共和國香港特別行政區政府)
면적과 인구	1,104㎢로 서울의 약 1.8배. 인구는 737만명(2017년 1월 기준)
비자	홍콩에 여행, 방문 목적인 한국 국적 소지자는 무비자로 90일 체류 가능. 여권 유효 기간은 1개월+체류일 수 이상이 남아 있어야 한다.
비행 시간	인천 홍콩 간 비행 시간은 직항으로 약 3시간 30분
시차	한국보다 1시간 느리다. 예) 한국 오후 4시=홍콩 오후 3시
날씨	홍콩은 여름이 길고 고온 다습한 아열대 기후에 속한다. 3월~4월이 봄, 5월~9월이 여름철 기후로 기온과 습도가 가장 높고 7월~10월에는 태풍 시즌으로 크고 작은 규모의 태풍이 발생한다. 10월~12월이 가을, 12월부터 2월 사이가 겨울로 평균 기온이 12도~20도 정도로 내려가고 습도도 낮아 다니기 편하다.

> **TIP 옷차림**
>
> 홍콩의 여름 (5월~9월)은 30도를 웃도는 더운 기후라 얇고, 시원한 옷차림을 준비하면 되지만 레스토랑, 쇼핑몰, 지하철, 버스 안 등 실내의 냉방 온도가 매우 낮으므로 실내에서 입을 카디건이나 스카프를 챙겨 가는 것이 좋다. 12월 말에서 2월 말은 홍콩의 겨울 시즌으로 평균 기온이 12~20 도 정도로 내려가 가벼운 코트 정도는 챙겨 가는 것이 좋다.

통화와 환율
홍콩의 통화 단위는 홍콩 달러 HK$. 지폐는 6종류로 10HK$, 20HK$, 50HK$, 100HK$, 500HK$, 1000HK$. 주화는 7종류로 10센트, 20센트, 50센트, 1HK$, 2HK$, 5HK$, 10HK$가 있다. 10HK$ 이외의 지폐는 HSBC, Standard Chartered Bank, Bank of China 세 은행에서 각기 다른 디자인으로 발행하고, 10HK$ 지폐와 나머지 주화는 홍콩 정부가 발행한다.

1 HK$= 약 1,400원 (2017년 11월 기준)

> **TIP 환전**
> 대부분의 숍과 레스토랑은 신용카드 지불이 가능하다. 하지만, 택시를 이용하거나 재래 시장, 로컬 상점 등을 이용할 때는 현금을 사용해야 하므로 여행 계획에 맞춰 미리 홍콩 달러로 환전해 가는 것이 좋다. 영세한 상점은 수수료가 높은 아멕스AMERICAN EXPRESS 카드는 받지 않는 경우가 많으므로, 비자VISA, 마스터MASTER 등 다른 신용 카드를 준비하거나 현금을 써야 하는 경우도 대비해야 한다.

언어
광둥어와 영어가 공용어. 대부분의 관광지와 쇼핑 매장, 레스토랑에서는 영어가 통하지만 가끔 영어가 통하지 않는 택시 드라이버도 있으므로 광둥어로 쓰여진 주소를 미리 준비해 보여 주는 것이 좋다.

국가번호
852

전압
전압은 220V, 주파수는 50Hz. 플러그는 BF 타입으로 영국식 3핀 코드가 쓰인다. 사전에 어댑터를 준비해 가거나 호텔에서 빌려야 한다.

치안
홍콩의 치안은 대체적으로 안전하지만 많은 사람이 몰리는 센트럴, 침사추이, 코즈웨이 베이 지역의 길거리나 지하철 안에서 소매치기 범죄는 간혹 일어나므로 조심해야 한다.

긴급 전화번호 : (구급, 소방, 경찰) 999

교통

택시와 홍콩 지하철인 MTR, 버스, 트램을 이용한다.

택시 기본 요금은 24HK$(약 3,500원, 2017년 11월 기준)로 한국보다 싸다. 택시는 카드를 받지 않으므로 현금으로 지불해야 하며, 별도의 팁은 주지 않아도 되나 1달러 이하의 센트 단위는 반올림해서 지불하는 것이 일반적이다.

⑩ 미터기로 37.5HK$이면 38HK$ 지불

또한, 별도 요금이 발생하는 터널이나 고속도로를 이용할 때는 미터기 요금에 마지막에 별도로 톨 비용을 추가로 더해서 지불해야 한다.

택시는 주로 시내 곳곳에 지정된 택시 승강장에서 타야 한다. 거리에 노란 실선이 두 줄일 때는 택시 및 일반 차량의 주정차가 불가능하다.

MTR 지하철, 에어포트 익스프레스, 버스, 트램, 스타 페리는 현금과 홍콩 교통카드인 옥토퍼스 카드Octopus Card(八達通)로 이용 가능하다. 그러나, 버스와 트램은 현금으로 지불할 때 거스름돈을 돌려 주지 않으므로 미리 요금에 맞는 동전을 준비하거나 거스름돈을 포기해야 한다.

옥토퍼스 카드는 공항의 매표소 직원이 있는 에어포트 익스프레스 매표소, 시내 주요 역 유인 매표소 창구에서 구매할 수 있고, 충전은 각 역의 충전소와 시내 세븐 일레븐, 맥도날드, 스타벅스, 왓슨스Watsons, 매닝스Mannings 매장에서 현금으로만 충전할 수 있다.

TIP 옥토퍼스 카드

옥토퍼스 카드 요금은 어른 150HK$, 어린이(만 3세~11세) 70HK$(보증금 50HK$ 포함). 보증금은 돌아오기 전 시내의 MTR 역 Customer Care Center나 공항 에어포트 익스프레스 매표 창구에서 돌려받을 수 있다. 구입 3개월 미만은 수수료 9HK$ 제외.
www.octopus.com.hk

TIP 대중 교통 이용 시 주의

홍콩의 지하철인 MTR, 버스, 트램 등 대중 교통 시설은 차 내에서 음식을 먹거나 마시는 것을 엄격히 금지하고 있어 적발 시 과태료를 지불해야 한다.

MTR 노선도

틴수이와이 Tin Shui Wai 天水圍
롱핑 Long Ping 朗屏
시우홍 Siu Hong 兆康
위엔롱 Yuen Long 元朗
캄성 로드 Kam Sheung Road 錦上路
췬완 웨스트 Tsuen Wan West 荃灣西
투먼 Tuen Mun 屯門
로우 Lo Wu 羅湖
성수이 Sheung Shui 上水
록마차우 Lok Ma Chau 落馬洲
판링 Fanling 粉嶺
타이오 Tai Wo 太和
타이워하우 Tai Wo Hau 大窩口
콰이힝 Kwai Hing 葵興
콰이퐁 Kwai Fong 葵芳
라이킹 Lai King 荔景
라이치콕 Lai Chi Kok 荔枝角
청사완 Cheung Sha Wan 長沙灣
삼수이포 Sham Shui Po 深水埗
췬완 Tsuen Wan 荃灣
메이푸 Mei Foo 美孚
아시아 월드 엑스포 Asia World Expo 博覽館
칭 이 Tsing Yi 青衣
남청 Nam Cheong 南昌
홍콩 국제공항 Airport 機場
서니 베이 Sunny Bay 欣澳
올림픽 Olympic 奧運
통총 Tung Chung 東涌
디즈니랜드 리조트 Disneyland Resort 迪士尼
카오롱 Kowloon 九龍
오스틴 Austin 柯士甸
홍콩 Hong Kong 香港
케네디 타운 KennedyTown 堅尼地城
홍콩 대학 HKU 香港大學
사이잉푼 Sai Ying Pun 西營盤
성완 Sheung Wan 上環
센트럴 Central 中環
레이통 Lei Tung 利東
웡척항 Wong Chuk Hang 黃竹坑
사우스 호라이즌 South Horizons 海怡半島
Airport Express
Disneyland Resort Line
East Rail Line
Island Line
Kwun Tong Line
Ma On Shan Line
Tseung Kwan O Line
Tsuen Wan Line
Tung Chung Line
West Rail Line
Light Rail
South Island Line
환승

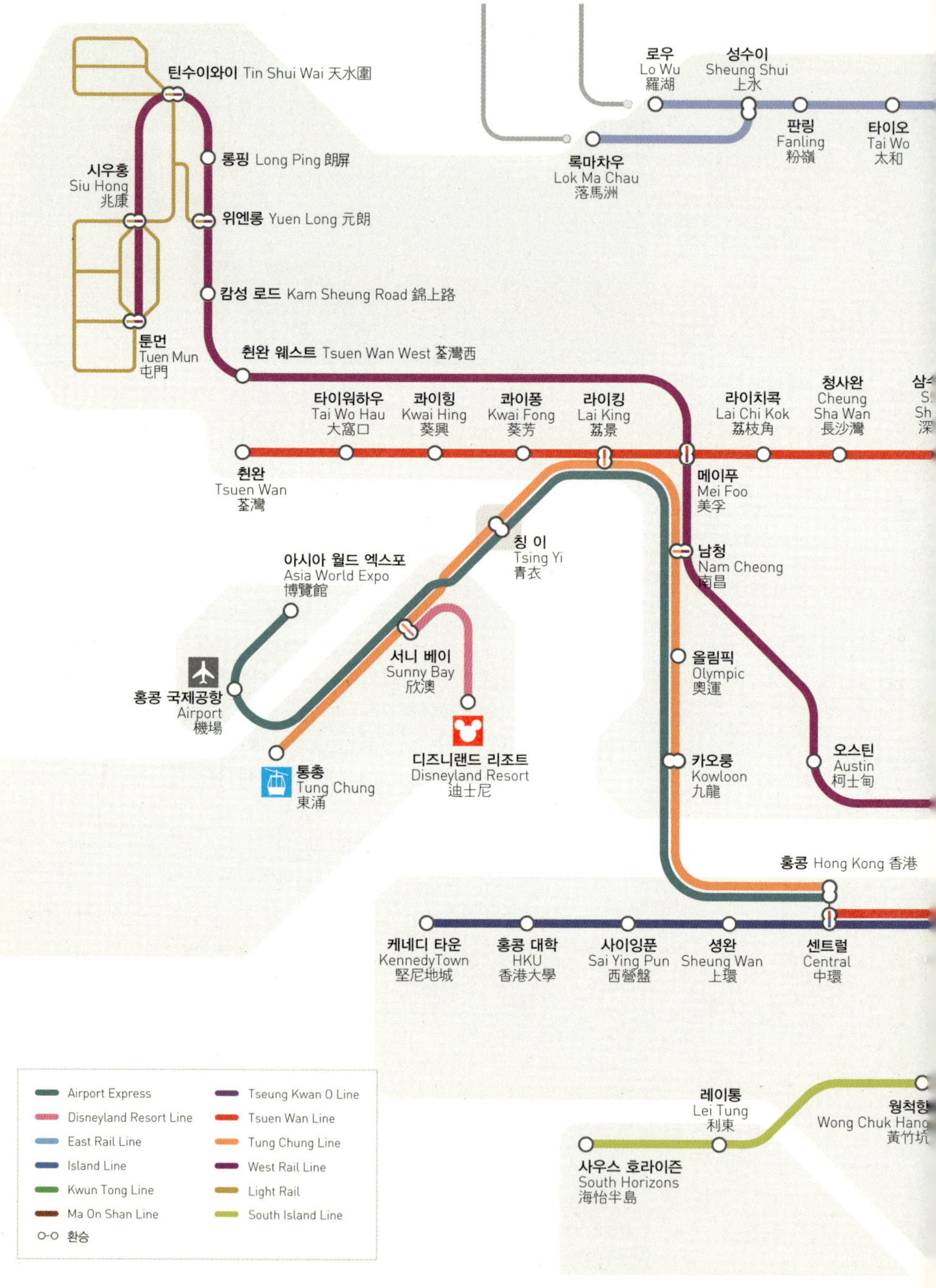

유니버시티 University 大學
타이포 마켓 Tai Po Market 大埔墟
포탄 Fo Tan 火炭
* 레이스코스 Racecourse 馬場
경주가 있는 날만 운행
샤틴 Sha Tin 沙田
샤틴와이 Sha Tin Wai 沙田圍
체쿵 템플 Che Kung Temple 車公廟
타이 와이 Tai Wai 大圍
시티원 City One 第一城
섹문 Shek Mun 石門
타이수이항 Tai Shui Hang 大水坑
헹온 Heng On 恒安
마온샨 Ma On Shan 馬鞍山
우카이샤 Wu Kai Sha 烏溪沙
섹킵메이 Shek Kip Mei 石硤尾
록푸 Lok Fu 樂富
웡타이신 Wong Tai Sin 黃大仙
다이아몬드 힐 Diamond Hill 鑽石山
초이홍 Choi Hung 彩虹
카오룽 베이 Kowloon Bay 九龍灣
카오룽 통 Kowloon Tong 九龍塘
프린스 에드워드 Prince Edward 太子
몽콕 Mong Kok 旺角
야우마테이 Yau Ma Tei 油麻地
조단 Jordan 佐敦
침사추이 Tsim Sha Tsui 尖沙咀
몽콕 이스트 Mong Kok East 旺角東
호만틴 Ho Man Tin 何文田
왐포아 Whampoa 黃埔
훙함 Hung Hom 紅磡
이스트 침사추이 East Tsim Sha Tsui 尖東
웅아우토콕 Ngau Tau Kok 牛頭角
쿤통 Kwun Tong 觀塘
램틴 Lam Tin 藍田
포람 Po Lam 寶琳
항하우 Hang Hau 坑口
청관오 Tseung Kwan O 將軍澳
야우통 Yau Tong 油塘
티우켕렝 Tiu Keng Leng 調景嶺
로하스 파크 LOHAS Park 康城
애드미럴티 Admiralty
완차이 Wan Chai 灣仔
코즈웨이 베이 Causeway Bay 銅鑼灣
틴하우 Tin Hau 天后
포트리스 힐 Fortress Hill 炮台山
노스 포인트 North Point 北角
쿼리 베이 Quarry Bay 鰂魚涌
타이쿠 Tai Koo 太古
사이완호 Sai Wan Ho 西灣河
오션 파크 Ocean Park 海洋公園
사우케이완 Shau Kei Wan 筲箕灣
헹파천 Heng Fa Chuen 杏花邨
차이완 Chai Wan 柴灣

SELECT
HONG KONG